石油化工设备技术问答丛书

塔设备技术问答

（第二版）

梁利君 编著

中国石化出版社
·北京·

内容提要

本书采用问答形式介绍了石油化工企业装置塔设备理论和设备知识，主要内容包括塔设备基础性、常见性的设计、制造、安装、运行知识，塔设备结构形式以及炼化企业内不同装置中塔设备的特点。

本书可供石油化工企业基层操作人员学习，也可作为相关技术管理人员的参考书籍。

图书在版编目（CIP）数据

塔设备技术问答 / 梁利君编著 . -- 2 版 . -- 北京：中国石化出版社，2025. 1. -- ISBN 978-7-5114-7841-2

Ⅰ. TE962-44

中国国家版本馆 CIP 数据核字第 2025N33Y04 号

中国石化出版社出版发行

地址：北京市东城区安定门外大街 58 号

邮编：100011　电话：(010)57512500

发行部电话：(010)57512575

http://www.sinopec-press.com

E-mail：press@sinopec.com

北京富泰印刷有限责任公司印刷

全国各地新华书店经销

*

787 毫米 ×1092 毫米 32 开本 6.5 印张 140 千字

2025 年 1 月第 2 版　2025 年 1 月第 1 次印刷

定价：40.00 元

序

设备是企业进行生产的物质技术基础。现代化的石油化工企业，生产连续性强，自动化水平高，且具有高温、高压、易燃、易爆、易腐蚀、易中毒的特点。设备一旦发生问题，会带来一系列严重的后果，往往会导致装置停产、环境污染、火灾爆炸、人身伤亡等重大事故的发生。因而石油化工厂的设备更体现了设备是企业进行生产、发展的重要物质基础。“基础不牢、地动山摇。”设备状况的好坏，直接影响着石油化工企业生产装置的安全、稳定、长周期运行，从而也影响着企业的经济效益。

为了确保石油化工厂设备经常处于良好的状况，就必须强化设备管理，广泛应用先进技术，不断提高检修质量，搞好设备的操作和维护，及时消除设备隐患，排除故障，提高设备的可靠度，从而确保生产装置的安全、稳定、长周期运行。

为了适应广大石油化工设备管理、操作及维护检修人员，了解设备、熟悉设备，懂得设备的结构、性能、作用及可能发生的故障和预防措施，以提高消除隐患、排除故障、搞好操作和日常维护能力的需要，中国石化出版社针对石油化工厂常见的各类设备，诸如各类泵、压缩机、风机及驱动机，各类工业炉、塔、反应器、压力容器，各类储罐、换热设备，以及各类工业管线、阀门管件，等等，组织长期工作在石油化工企业基层，有一定设备理论知识和实践经验的专家和专业技术人员，以设备技术问答的形式，编写了一系列“石油化工设备技术问答丛书”，供大家学习和阅读，希望对广大读者有所帮助。本书即为这套丛书之一。

中国石化设备管理协会副会长　胡安定

目录

第一章　塔设备基础知识

第二章　塔设备分馏操作知识

第三章　塔设备的设计制造与安装

第四章　炼化装置塔设备

第一章　塔设备基础知识

1.什么是塔设备？其主要结构包括哪些部分？

塔设备是石油化工、化学工业、石油工业等生产中最重要的设备之一，在化工生产过程中可提供气液或液液两相之间直接接触机会，既可达到相际传质及传热目的，又能使接触之后的两相及时分开、互不夹带。外形特点：体形高、长宽比大。

常见的塔设备单元操作有精馏、吸收、解吸、萃取及气体的洗涤、冷却、增湿、干燥等。

塔设备主要结构包括以下四个部分：

①塔体：包括筒体、端盖（主要是椭圆形封头）及连接法兰。

②内件：指塔盘或填料及其支承装置。

③支座：支承塔体的底座，一般为裙式支座，即常说的裙座。

④附件：包括人孔、进出料接管、各类仪表接管、液体和气体的分配装置，以及塔外的扶梯、平台、外保温等。

2.塔设备可分几大类？

塔设备的种类很多，为了便于比较和选型，通常对塔设备进行分类，常见的分类有：

①按操作压力分有加压塔、常压塔及减压塔。

②按单元操作分有精馏塔、吸收塔、解吸塔、萃取塔、反应塔、干燥塔等。

③按内件结构分有板式塔、填料塔。

3.塔设备的主要构件及作用是什么?

无论是板式塔还是填料塔，除了各种内件，均由塔体、支座、人孔或手孔、接管、除沫器、吊柱、吊耳及操作平台和爬梯等组成，如图1-1所示。

①塔体：塔体即塔设备的外壳，常见的塔体由等直径、等厚度的圆筒及上下封头组成。包括筒体、端盖(主要是椭圆形封头)及连接法兰。塔设备通常安装在室外，塔体除考虑操作压力(内压或外压)、温度外，还要考虑风载荷、地震载荷、偏心载荷及试压、运输吊装时的强度、刚度、稳定性等要求。塔体由若干塔节组成，内装有一定数量的塔盘，塔节间用法兰连接。塔体材质常采用的有碳素钢、低合金钢、不锈耐酸钢(复层、衬里)等。

②支座：塔体支座是塔体与基础的连接结构。因为塔设备较高、重量较大，为保证其足够的强度及刚度，通常采用裙式支座。

③人孔或手孔：出于安装、检修、检查等需要，往往在塔体上设置人孔或手孔。不同的塔设备，人孔或手孔的结构及位置等要求不同。

④接管：用于连接工艺管线，使塔设备与其他相关设备相连接。按其用途可分为进液管、出液管、回流管、进气出气管、侧线抽出管、取样管、仪表接管、液位计接管等。

⑤除沫器：用于捕集夹带在气流中的液滴。除沫器工作

性能的好坏对除沫效率、分离效果都具有较大的影响。

⑥吊柱、吊耳：安装于塔顶，主要用于安装、检修时吊运塔内件。

⑦操作平台和爬梯。

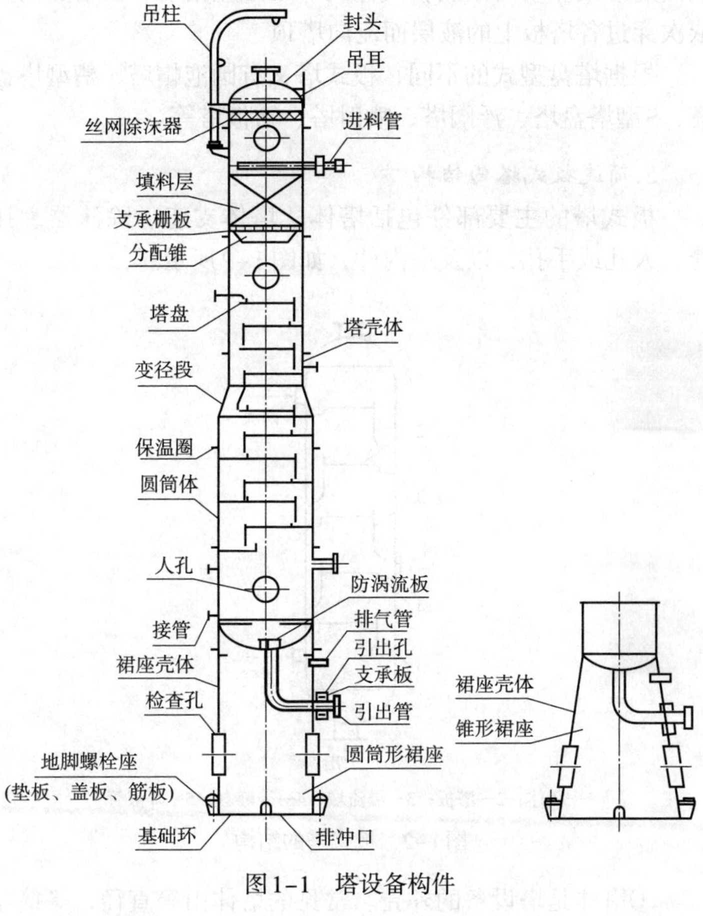

图1-1　塔设备构件

4. 什么是板式塔？

所谓板式塔，指塔的内件是一定数量的塔盘，塔盘使两相密切接触，进行传热和传质。两相的组分浓度沿塔高呈阶梯式变化。液体靠重力作用由顶部逐板流向塔底，并在各块板面上形成流动的液层；气体则靠压强差推动，由塔底向上依次穿过各塔板上的液层而流向塔顶。

根据塔盘型式的不同，板式塔又有圆泡帽塔、槽型塔盘塔、S型塔盘塔、浮阀塔、喷射塔、筛板塔等。

5. 简述板式塔的结构

板式塔的主要部件包括塔体、塔体支座、除沫器、接管、人孔或手孔，以及塔内件，如图1-2所示。

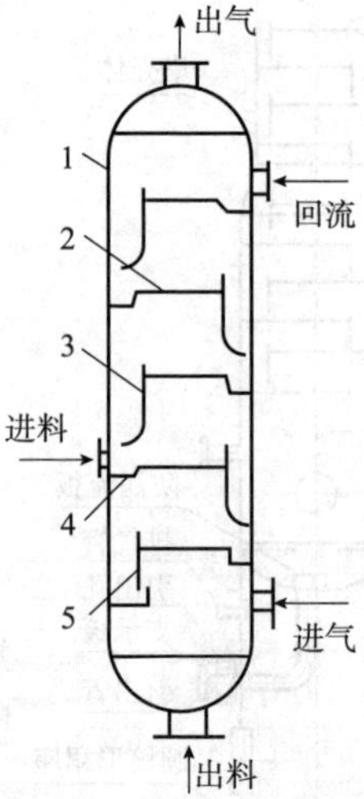

1—塔体；2—塔板；3—溢流堰；4—受液盘；5—降液管

图1-2　板式塔的结构

①塔体是塔设备的外壳。常见的塔体由等直径、等壁厚

的圆筒及作为顶盖和底盖的椭圆形封头组成。随着化工装置的大型化，为了节约材料，出现了用不等直径、不等壁厚的塔体的情况。

②塔体支座是塔体安放到基础上的连接部分，一般采用裙式支座。其高度按照工艺条件的附属设备（如再沸器、泵）及管道布置决定。它承受各种情况下的全塔重量，以及风载荷、地震载荷等，为此它应具有足够的强度及刚度。

③除沫器用于捕集夹带在气流中的液滴，使用高效的除沫器，对于回收昂贵物料、提高分离效率、改善塔设备的操作状况，以及减少环境污染等都是非常必要的。

④接管用以连接工艺管路，使之与设备连成系统。

⑤人孔、手孔和视孔是出于安装、检查的需要而设置的。

6. 常用的板式塔有哪几种类型？近年来开发使用了哪些型式的塔盘？

常用的板式塔有泡罩塔、筛板塔、浮阀塔和舌型塔等类型。近年来开发使用了斜孔塔盘、导向筛板、网孔塔盘、大孔筛板、浮阀–筛板复合塔盘以及浮动喷射塔板、旋流塔板、旋叶塔板等。

①泡罩塔。

泡罩塔是工业应用最早的板式塔，而且在相当长的一段时期内是板式塔中较为流行的一种塔型。泡罩塔盘主要由泡罩、升气管、溢流堰、降液管及塔板等部分组成，其结构如图 1–3 所示。泡罩塔板操作状态示意如图 1–4 所示，圆型泡罩结构如图 1–5 所示。

泡罩安装在升气管的顶部，分圆型和条型两种，前者使用较广。泡罩有 f80mm、f100mm 和 f150mm 三种尺寸，可根据塔径大小选择。

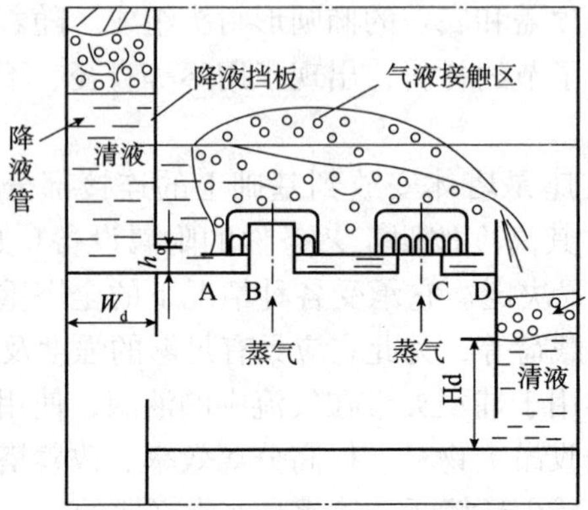

图1-3　泡罩塔盘结构

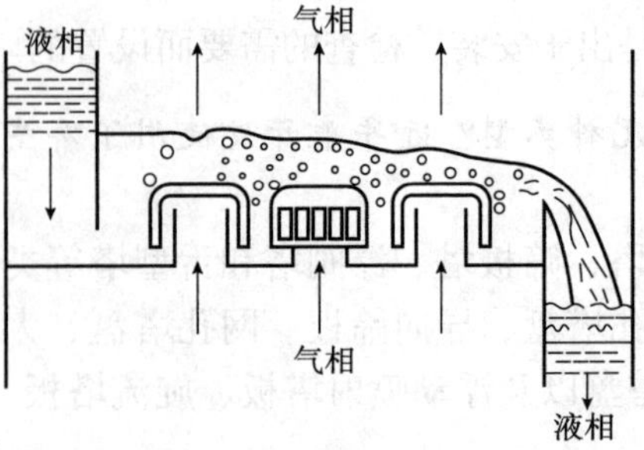

图1-4　泡罩塔板操作状态示意

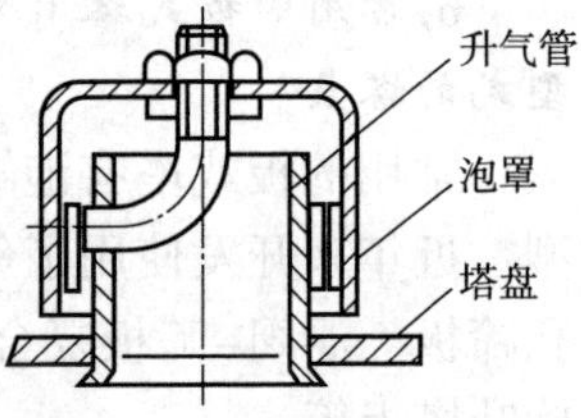

图1-5　圆型泡罩结构

塔板上设有许多供蒸气通过的升气管，其上覆以钟型泡罩，升气管与泡罩之间形成环形通道。泡罩周边开有很多称为齿缝的长孔，齿缝全部浸在板上液体中形成液封。操作时，气体沿升气管上升，经升气管与泡罩间的环隙，通过齿缝被分散成许多细小的气泡，气泡穿过液层使之成为泡沫层，以加大两相间的接触面积。流体由上层塔板降液管流到下层塔板的一侧，横过板上的泡罩后，开始分离所夹带的气泡，再越过溢流堰进入另一侧降液管，在管中气、液进一步分离，分离出的蒸气返回塔板上方空间，液体流到下层塔板。一般小塔采用圆型降液管，大塔采用弓型降液管。泡罩塔已有100多年历史，但由于结构复杂、生产能力较低等特点，已较少采用；然而因它有操作稳定、技术比较成熟、对脏物料不敏感等优点，故目前仍有采用。目前，只是在某些情况如生产能力变化大、操作稳定性要求高、有相当稳定的分离能力要求等时，可考虑使用泡罩塔。

②浮阀塔。

浮阀塔是20世纪50年代开发的一种塔。在带有降液管的塔板上开有若干直径较大（标准孔径为39mm）的均布圆孔，孔上覆以可在一定范围内自由活动的浮阀。浮阀型式很多，常用的有F1型、V-4型、T型浮阀，如图1-6所示。

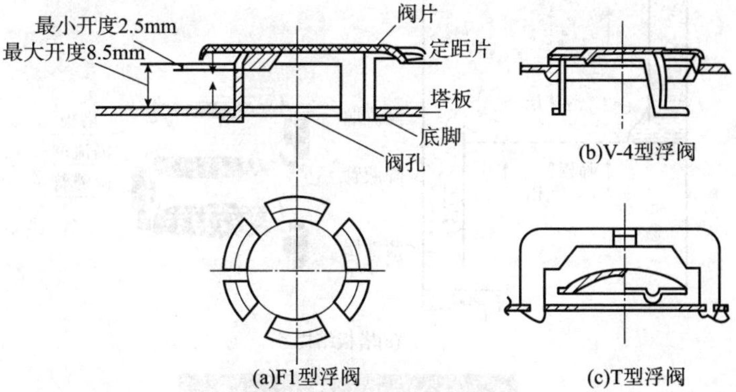

图1-6　浮阀的主要型式

操作时，液相流程和前面介绍的泡罩塔一样，气相经阀孔上升顶开阀片、穿过环形缝隙再以水平方向吹入液层形成泡沫，随着气速的增减，浮阀能在相当宽的范围内稳定操作。因此，目前获得较广泛的应用。

浮阀塔板的结构特点是在塔板上开有若干个阀孔，每个阀孔装有一个可上下浮动的阀片，阀片本身连有几个阀腿，插入阀孔后将阀腿底脚拨转90°，以限制阀片升起的最大高度，并防止阀片被气体吹走。阀片周边冲出几个略向下弯的定距片，当气速很低时，由于定距片的作用，阀片与塔板呈点接触而坐落在阀孔上，在一定程度上可防止阀片与板面的黏结。

③筛板塔。

筛板塔也是应用历史较久的塔型之一，与泡罩塔相比，筛板塔结构简单，筛板塔结构及气液接触状况如图1-7所示。筛板塔塔盘分为筛孔区、无孔区、溢流堰及降液管等部分。

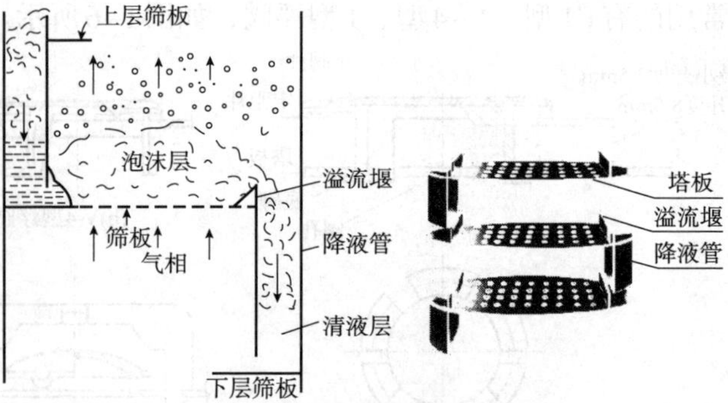

(a)塔板结构

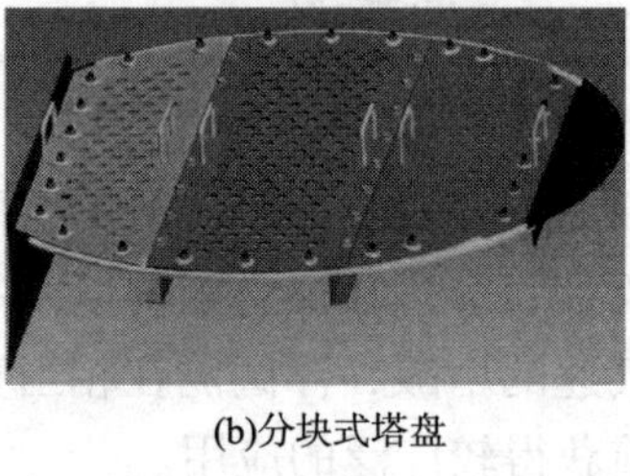

(b)分块式塔盘

图1-7　筛板塔结构及气液接触状况

筛板是在带有降液管的塔板上钻有3~8mm直径的均布圆孔，液体流程与泡罩塔相同，蒸气通过筛孔将板上液体吹成泡沫。筛板上没有突起的气液接触元件，因此板上液面落差很小，一般可以忽略不计，只有在塔径较大或液体流量较高时才考虑液面落差的影响。其优缺点如下。

优点：结构简单，制造和维修方便，相同条件下生产能力高于浮阀塔；塔板压力降较低，适用于真空蒸馏；塔板效率较高，但稍低于浮阀塔；具有较高的操作弹性，但稍低于泡罩塔。

缺点：小孔径筛板易堵塞，不适于处理脏的、黏性大的和带固体粒子的料液。

④舌型塔盘及浮动舌型塔盘。

a.舌型塔盘产生的原因。

一般情况下，塔盘上气流垂直向上喷射（如筛板塔），这样往往造成较大的雾沫夹带，如果使气流在塔盘上沿水平方向或倾斜方向喷射，则可以减轻夹带，同时通过调节倾斜角度还可以改变液流方向，减小液面梯度和液体返混。

b.舌型塔盘。

舌型塔盘是应用较早的一种斜喷型塔盘。气体通道为在塔盘上冲出的以一定方式排列的舌片。舌片开启一定的角度，舌孔方向与液流方向一致，如图1-8（a）所示。

舌型塔盘结构简单，安装检修方便，但这种塔盘的负荷弹性相对较小，塔板效率相对较低，因而使用受到一定限制。

舌孔有两种，三面切口［图1-8（b）］及拱型切口［图1-8（c）］，通常采用三面切口的舌孔。舌片的大小有

25mm和50mm两种，一般采用50mm［图1-8（d）］，舌片的张角常用20°。

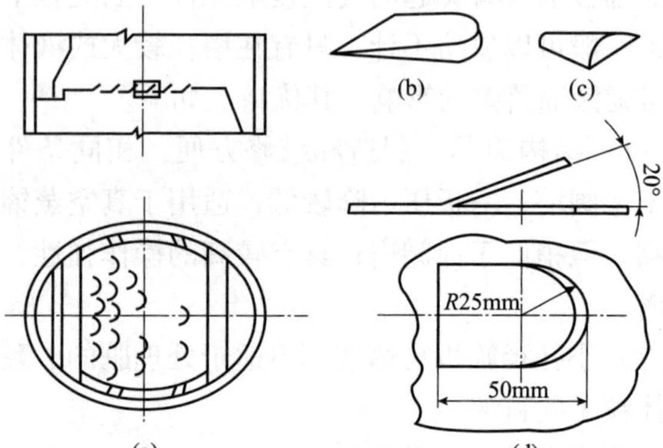

图1-8　舌型塔结构

c.浮动舌型塔盘。

浮动舌型塔盘是20世纪60年代研制的一种定向喷射型塔板。它的处理能力大，压降小，舌片可以浮动。因此，塔盘的雾沫夹带及漏液均较小，操作弹性显著增加，板效率也较高，但其舌片容易损坏。

浮动舌片的结构如图1-9所示，其一端可以浮动，最大张角约20°。舌片厚度一般为1.5mm，质量约为20g。

在这类喷射型塔板上，气体喷出的方向与液体流动的方向一致或相反。它能充分利用气体的动能来促进两相间的接触，提高传质效果。气体不必再通过较深的液层，因而压强差显著减小，且因雾沫夹带量较小，故可采用较大的气速。

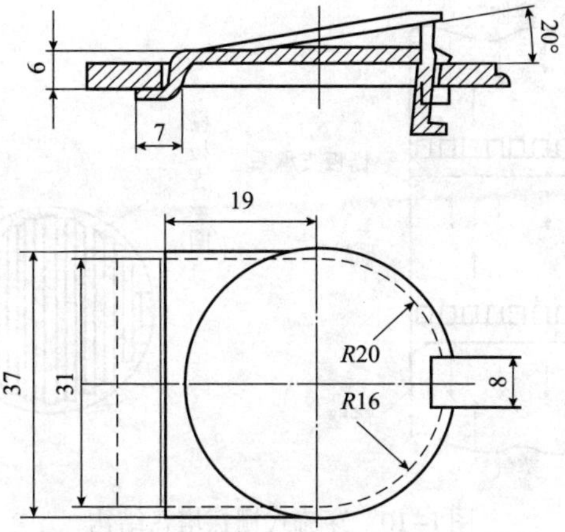

图1–9　浮动舌片结构（单位：mm）

⑤穿流式栅板塔盘。

穿流式栅板塔盘（图1–10）属于无溢流堰装置的板式塔盘，在工业上也得到广泛的应用。根据塔盘上所开的栅缝或筛孔，分别称为穿流式栅板塔盘或穿流式筛板塔盘。这种塔盘没有降液管，气液两相同时相向通过栅缝或筛孔。操作时蒸气通过孔缝上升进入液层，形成泡沫。与蒸气接触后的液体不断地通过孔缝流下。其优缺点如下。

优点：由于没有降液管，所以结构简单，加工容易、安装维修方便，投资少；节省了降液管所占的塔截面（一般为塔盘截面的15%~30%），允许通过更多的蒸气量，因此生产能力比泡罩塔大20%~100%；因为塔盘上开孔率大，栅缝或筛孔处的压力降较小，比泡罩塔低40%~80%，可用于真空蒸馏。

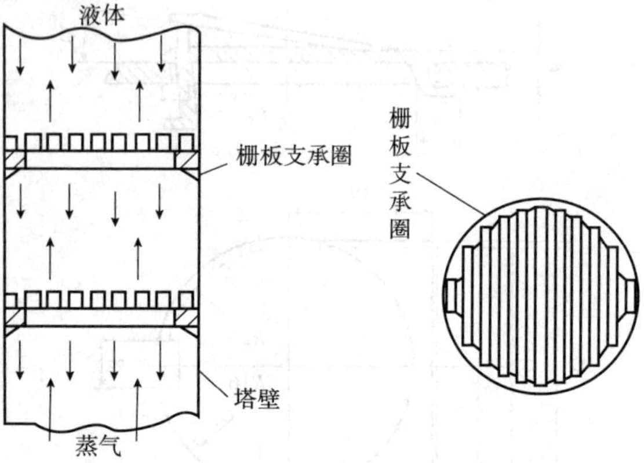

图1-10 穿流式栅板塔盘结构

缺点：塔板效率比较低，比一般板式塔低30%~60%，但因这种塔盘的开孔率大，气速低，形成的泡沫层高度较低，雾沫夹带量小，所以可以降低塔板的间距，在同样分离条件下，塔总高与泡罩塔基本相同；操作弹性较小，能保持较好的分离效率时，塔板负荷的上下限之比约为2.5~3.0。

⑥导向筛板塔盘。

导向筛板塔盘的结构如图1-11所示。

它在普通筛板塔盘上进行了两项改进，一是在筛板上开设了一定数量与液流方向一致的导向孔；二是在液体进口区设置了鼓泡促进装置。

利用导向孔喷出的气流推动液体，既可减少液面落差，又可通过适当安排的导向孔来改善液流分布的状况，减少液体返混，从而提高塔板效率，并且导向孔气流与筛孔气流合成了抛物线形的气流，可减少雾沫夹带。

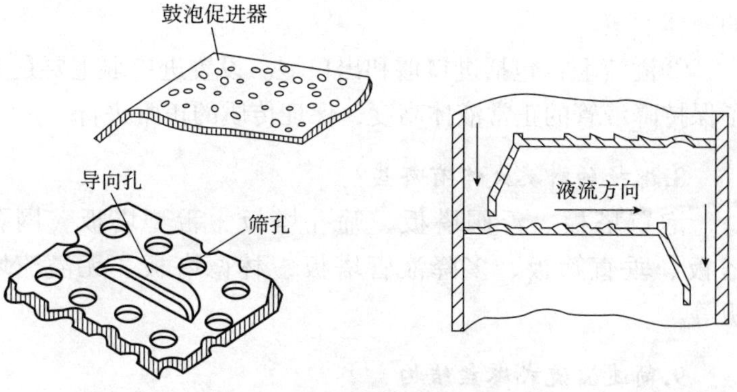

图1-11　导向筛板塔盘结构

鼓泡促进装置使塔盘进口区的液层变薄，可避免漏液，因而易鼓泡，从而使整个鼓泡区内气体分布均匀，故可增大处理能力和减少塔板压力降。

各种板式塔盘的比较是一个十分复杂的问题。但从生产能力、塔板效率、操作弹性、压力降及造价等方面来看，浮阀塔盘在蒸气负荷、操作弹性、塔板效率方面与泡罩塔盘相比都具有明显优势，因而获得了广泛应用。筛板塔盘的压降小、造价低、生产能力大，除操作弹性较小外，其余均接近浮阀塔盘，故应用也较广。栅板塔盘操作范围较窄，塔板效率随负荷变化较大，应用受到一定限制。

7.塔盘主要由哪些部分组成?

①塔板：其上面开有许多孔，安装浮阀、泡罩等，或者直接作为气相通道。介质的传热和传质就在塔板上面进行。

②降液管：上层液体通过降液管流到下层塔盘，是主要

的液体通道。

③溢流堰：包括进口堰和出口堰。设置进口堰主要是为了保持降液管的正常液体高度，保证传质的正常进行。

8.塔板的种类大体有哪些？

泡罩塔板、浮阀塔板、筛孔塔板、舌型塔板、网孔塔板、垂直筛板、多降液管塔板、林德塔板、无溢流塔板等。

9.简述溢流式塔盘结构

溢流式塔盘是石油化工厂塔盘主要使用型式，溢流式塔盘由气液接触元件、塔板、降液管及受液盘、溢流堰等构成。

①塔盘的分类。

塔盘按结构特点可分为整块式塔盘和分块式塔盘。当塔径$DN \leqslant 700$mm时，宜采用整块式塔盘；塔径$DN \geqslant 800$mm时，宜采用分块式塔盘。

整块式塔盘根据组装方式不同可分为定距管式及重叠式两类。采用整块式塔盘时，塔体由若干个塔节组成，每个塔节中装有一定数量的塔盘，塔节之间采用法兰连接。

直径较大的板式塔，为便于制造、安装、检修，可将塔盘板分成数块，通过人孔送入塔内，装在焊于塔体内壁的塔盘支承件上。分块式塔盘的塔体，通常为焊制整体圆筒，不分塔节。

②降液管。

作用：使夹带气泡的液流进入降液管后具有足够的分离空间，能将气泡分离出来，从而仅有清液流往下层塔盘。

降液管的结构型式可分为圆型降液管和弓型降液管两类。圆型降液管通常用于液体负荷低或塔径较小的场合，弓型降液管适用于大液量及大直径的塔 。

③受液盘。

为了保证降液管出口处的液封，在塔盘上设置受液盘，受液盘有平型和凹型两种（图1-12）。受液盘的型式和性能直接影响塔的侧线取出、降液管的液封和流体流入塔盘的均匀性等。平型受液盘适用于物料容易聚合的场合；当液体通过降液管与受液盘的压力降大于25mmH_2O，或使用倾斜式降液管时，应采用凹型受液盘。

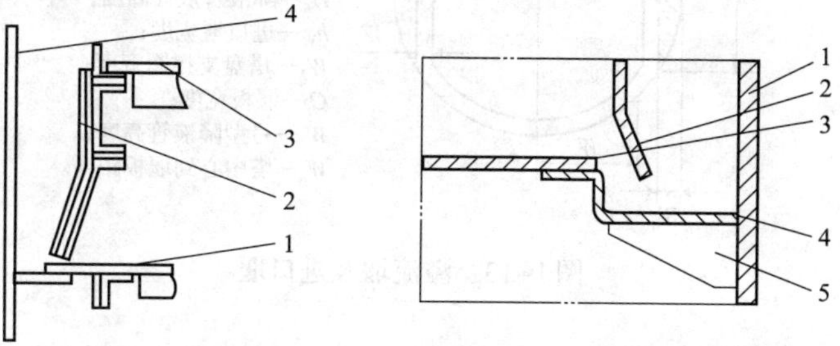

1—受液盘；2—降液盘；3—塔盘板；4—塔壁

(a)平型

1—塔壁；2—降液盘；3—塔盘板；4—受液盘；5—筋板

(b)凹型

图1-12　受液盘结构

④溢流堰及进口堰。

溢流堰有保持塔盘板上一定液层高度和促使液流均匀分布的作用（图1-13）。采用平型受液盘时，为使上层塔板流入的液体能在塔盘上均匀分布，并为了减小入口液流的冲力，常在液体进口处设置进口堰。

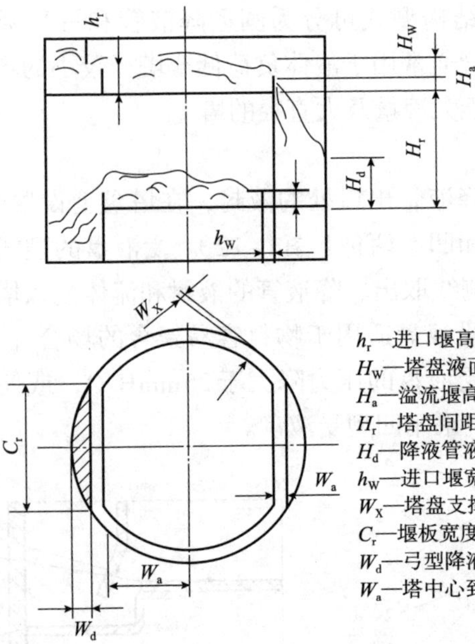

h_r—进口堰高度；
H_W—塔盘液面高度；
H_a—溢流堰高度；
H_r—塔盘间距；
H_d—降液管液柱高度；
h_W—进口堰宽度；
W_X—塔盘支撑圈宽度；
C_r—堰板宽度；
W_d—弓型降液管高度；
W_a—塔中心到堰板距离。

图1-13　溢流堰及进口堰

10. 按塔盘上溢流方向分，塔盘可分为哪几种？

按塔盘上溢流方向分，塔盘可分为单溢流式和双溢流式。其中单溢流式又有中间降液和两边降液之分。一般来说，塔径在Φ800~2400mm间的可用单溢流塔盘，塔径在Φ2000mm以上者可用双溢流式塔盘。

11. 什么是筛板塔盘？

筛板塔盘是在塔盘板上钻许多小孔，工作时流体从上层塔盘经降液管流下，横向流过塔盘进入本层塔盘降液管再进入下一层塔盘；气体则自下而上穿过筛孔，分散成气泡，穿过筛板上的液层，在此过程中进行相际传质、传热。由于气体具有一定的压力和流速，对流体有“支撑”作用，故一般情况下流体不会从筛孔中漏下。

12. 筛板塔盘有什么优缺点?

优点：结构简单、制造维护方便；生产能力大，比泡罩塔盘高20%~30%；压降小；比泡罩塔盘效率高，但不及浮阀塔盘；操作弹性较高，但不及泡罩塔盘。

缺点：小孔径筛孔易堵塞，故不宜处理脏、黏性大及带固体颗粒的料液。

13. 什么是舌型塔盘?

舌型塔盘是在塔肋板上冲制许多舌型孔，舌片翘起与水平夹角20°。工作时，流体在塔盘上的流动方向与舌孔的倾斜方向一致，气体从舌孔中喷射而出，由于气、液两相并流，故雾沫夹带少，当舌孔气速达到一定数值时，将塔盘上的流体喷射成液滴状，从而加大了气、液接触面积。

14. 舌型塔盘有什么优缺点?

舌型塔盘与泡罩塔盘相比具有塔盘上液层薄，持液量少，压力降小(为泡罩的33%~50%)，生产能力大，结构简单，可节约金属用量12%~45%，制造、安装、维修方便等优点；但因舌孔开度是固定的，在低负荷下操作易产生漏液现象，故其操作弹性较小，塔盘效率较低，因而使用受到一定限制。

15. 什么是泡罩塔盘?

泡罩塔盘是工业上应用较早的一种塔盘，是在塔盘板上开许多圆孔，每个圆孔上焊接一个短管，称为升气管，管上再罩一个“帽子”，称为泡罩，泡罩周围开有许多条型孔。

工作时，液体由上层塔盘经降液管流入下层塔盘，然后横向经过塔盘板，流入再下一层塔盘；气体从下层塔盘上升进入升气管，通过环形通道再经泡罩的条形孔流散到泡罩间的液层中。

16.泡罩塔盘中泡罩的作用是什么？

泡罩又称泡帽，是泡罩塔板的主要构件，有圆型泡罩及条型泡罩，主要采用圆型泡罩，它的外形如钟罩，如图1–14所示。

图1–14　泡罩结构

泡罩在泡罩塔盘上发挥的作用主要体现在以下三个方面：

①气体分散与液滴形成：泡罩能够很好地分散通过的气体，使其以小气泡的形式均匀分布于塔盘上的液体中。这种分散作用增大了气液接触面积，有助于气液之间的充分接触和传质。同时，泡罩的形状和设计也有助于形成细小的液滴，进一步增大气液接触面积。

②防止液体泄漏：泡罩塔盘的设计使得在操作过程中，液体被很好地限制在塔盘内，防止其泄漏到下一层塔盘。这种防止液体泄漏的功能确保了塔内液体分布的均匀性和稳定性，从而提高了传质效率。

③促进液体混合与均匀分布：泡罩能够促进液体在塔盘上的混合与均匀分布。通过改变泡罩的形状和排列方式，可

以优化液体的流动模式和混合效果，使液体在塔盘上的分布更加均匀。这有助于降低传质过程中的浓度梯度和温度梯度，提高传质效率。在泡罩的壁面开有很多齿缝，其形状有矩形、三角形及梯形。泡罩内有升气管，在泡罩与升气管之间形成回转空间。升气管固定在塔板上，气相通过升气管进入回转空间，以一定的速度由齿缝喷出，与塔板上的液体形成鼓泡接触，进行传质过程。

17.泡罩塔盘有什么优缺点？

优点：气液两相接触充分，传质面积大，因此塔盘效率高；操作弹性大，在负荷变化范围较大时，仍能保持较高的效率；具有较高的生产能力，适用于大型生产；不易堵塞，介质适应范围广，操作稳定可靠。

缺点：结构复杂、造价高，安装维护麻烦；气相压降大，但在常压或加压操作时并不是主要问题。

18.什么是浮阀塔盘？其结构和工作原理是什么？

浮阀塔是泡罩塔、专板塔、喷射塔和筛板塔结合的产物，利用气液相在雾滴中增大传质效果，提高效率的原理而工作，主要构件有平面塔板，降液管和浮阀。一种浮阀是带有三个爪的结构，另一种没有爪，只有一阀片靠焊接在塔板上的导向架固定在塔板的相应位置，阀片可以在导向架内自由升架。在浮阀塔板上开有许多圆孔，每一孔上都装有一个带三条腿的阀片。在没有上升蒸气时，浮阀闭合于塔板上，这时浮阀开度仅有2mm左右，当有上升蒸气时，浮阀受气流冲动而开启，开启的程度由蒸气速度大小而定，气速降低，阀片在重力作用下自动关闭。上升的蒸气穿过低阀孔，在浮阀片的作用下，沿水平方向分散穿过液体层鼓泡而出（达到了传质和传热的效果）。具有操作弹性大、鼓泡性能良好等特点。

19.浮阀塔盘有什么优缺点？

优点：

①生产能力大，因浮阀在塔盘板上排列比泡罩更紧凑，故生产能力比泡罩塔盘高20%~40%，与筛板塔盘差不多。

②操作弹性大，因浮阀可在一定范围内自由升降以适应气量的变化，所以能在较宽的气流范围内保持高的效率。浮阀塔盘操作弹性比泡罩和筛板都要大得多。

③效率高。由于气液接触充分，且蒸气以水平方向吹入液层，故雾沫夹带较少，因此分离效果好，一般效率比泡罩塔盘高15%左右。

④压降小。气流通过浮阀时只有一次收缩、扩大及转弯，故压降比泡罩塔盘低。

⑤与泡罩塔盘相比，结构简单、制造安装也较方便，制造费用仅为泡罩的60%~80%，但是筛板塔盘的120%~130%。

浮阀塔盘由于其性能优良，又无特别明显的不足，因而在炼油、化工生产的塔设备中得到了广泛的应用。

缺点：蒸气沿上升蒸气孔的周边喷出，仍然有液体的逆向混合，因而会降低传质效率，另外阀片容易卡住，影响其自由开启。

20.浮阀塔盘的结构有何特点？浮阀结构优缺点是什么？

浮阀塔盘是气液两相进行传质和传热的场所，其上面布满浮阀。浮阀从大体上分为两类。

①盘状浮阀：浮阀是圆盘形，塔板上开孔是圆孔，其中F1型浮阀是较常用的一种。

②条状浮阀：浮阀是带支腿的长条片，塔板上开的是长条孔。

以F1型浮阀为例说明。F1型浮阀如图1-15所示，圆盘浮阀靠三条支腿插在塔板上三角形排列的圆孔内，当气体通过圆孔上升时，靠气流的动能把阀片顶起，气体就会吹入塔板上的液层内进行鼓泡。阀片上的三条支腿，起到限制阀片的运动和开度的作用，并且F1型浮阀的周边有三个起始定距片，即使浮阀完全关闭，阀片与塔板之间仍能保持一定距离，这样即使在小气量时，气体也能通过阀片均匀鼓泡。因而可以得到较宽的稳定操作范围。同时，由于阀片与塔板之间的点接触，可以避免阀片与塔板粘住，使浮阀在气量增大时能平稳升起，此开度一般为2.5mm。

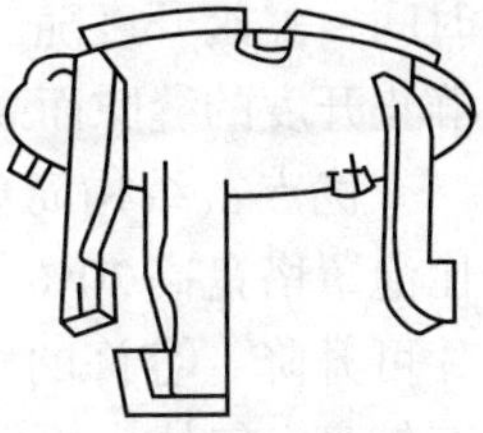

图1-15 F1型浮阀

浮阀可随气速的变化上下自由浮动，提高了塔板的操作弹性、降低了塔板的压降，同时具有较高塔板效率，在生产中得到广泛的应用。浮阀塔盘的特点是浮阀取消了泡罩塔的泡罩与升气管，改在塔上开孔，阀片上装有限位的三条腿（图1-16），但是操作时阀片易脱落或卡死。

图1-16 浮阀

浮阀结构特点及优缺点如下。

结构特点：开孔+可浮动阀片，操作时，由阀孔上升的气流经阀片与塔板间隙沿水平方向进入液层，增加气液接触时间，浮阀开度随气体负荷可变，当气量低时，气体可通过静止开度的缝隙而鼓泡；高气量时，阀片浮起，开度增大。

优点：结构简单，造价低；生产能力大（较大开孔率，比泡罩塔盘高20%~40%，接近筛板塔盘）；操作弹性大（阀片可升降，容许的气速波动范围比泡罩或筛板宽）；塔板效率较高（气体水平吹入液层，气液接触时间长）；气体压降及液面落差小（气、液经过阀片时阻力小）。

缺点：处理易结焦、高黏度的物料时，阀片易与塔板黏结；操作时阀片易脱落或卡死，造成塔板效率和操作弹性下降。

21. 浮阀塔盘型号表示什么？举例说明

浮阀塔盘的型号表示方法如下：

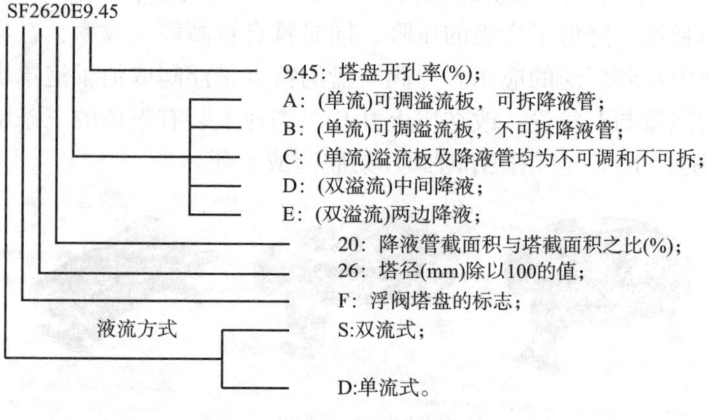

上面的型号表示：塔径为2600mm的双溢流两边降液式塔

盘，塔盘开孔率为9.45%左右，降液管与塔截面积之比为20%。

22.F1型浮阀现在国内已标准化，请简述其型号的意义

F1型浮阀现在国内已标准化，一般从其型号上可以看出其特性。如下例所示，表示为F1型重型浮阀，材质为A3F，适用于3mm厚的塔板。F1型重型浮阀重32~34g，用δ=2mm薄钢板冲成。而F1型轻型浮阀重25~26g，用δ=1.5mm薄钢板冲成。

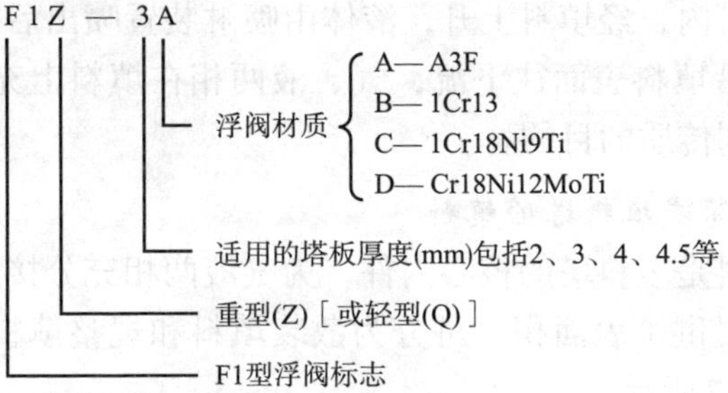

23.性能良好的塔盘一般具有哪些特点？

①分馏效率高。

②生产能力大，即允许的气液相负荷都较高。

③操作稳定，“弹性”好。在塔内气液相负荷产生较大变化时仍能保证较高的分馏效率。

④压降小。

⑤结构简单，安装检修方便。

24.什么是填料塔？

填料塔是以塔内的填料作为气液两相间接触构件的传质设备。液体从塔顶经液体分布器喷淋到填料上，并靠重力作用沿填料表面流下。气体从塔底送入，在压强差推动下穿过填料的间隙，经气体分布装置（小直径塔一般不设气体分布装置）分布后，与液体呈逆流连续通过填料层的空隙，在填料表面，气液两相密切接触完成传质传热过程，其组成沿塔高连续地变化。在正常操作状态下，气相为连续相，液相为分散相。

25. 简述填料塔的结构

填料塔主要由塔体、喷淋装置、填料、再分布器、栅板等组成，以填料作为气液接触和传质的基本构件，气体由塔底进入塔内，经填料上升，液体由喷淋装置喷出后，洒在填料上并沿填料表面往下流，气、液两相在填料上充分接触，从而达到传质的目的。

26. 简述填料塔的填料

填料是填料塔的核心内件，为气液两相充分接触进行传热传质提供了表面积，可分为散装填料和规整填料两大类，如图1-17所示。

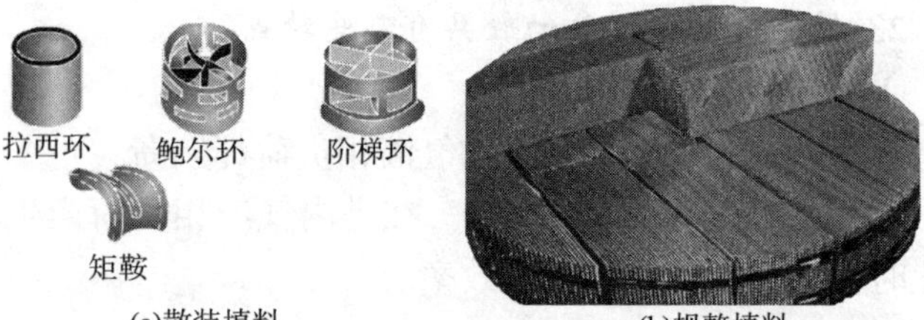

(a)散装填料　　(b)规整填料

图1-17　填料塔的填料

①散装填料。

散装填料是一个个具有一定几何形状和尺寸的颗粒体，一般以随机的方式堆积在塔内，又称乱堆填料或颗粒填料。散装填料根据结构特点不同，又可分为环形填料、鞍形填料、环鞍形填料及球形填料等。

a.环形填料：拉西环填料、鲍尔环填料 、阶梯环填料。

b.鞍形填料：弧鞍填料 、矩鞍填料、改进矩鞍填料。

c.金属鞍环填料。

②规整填料。

规整填料是按一定的几何构型排列，整齐堆砌的填料。规整填料种类很多，根据其几何结构可分为格栅填料、波纹填料、脉冲填料等。

a.格栅填料。

格栅填料是以条状单元体经一定规则组合而成的，具有多种结构形式。工业上应用最早的格栅填料为木格栅填料。目前应用较为普遍的有格里奇格栅填料、网孔格栅填料、蜂窝格栅填料等，其中以格里奇格栅填料最具代表性。格栅填料的比表面积较低，主要用于要求压降小、负荷大及防堵等场合。

b.波纹填料。

目前工业上应用的规整填料绝大部分为波纹填料，是由许多波纹薄板组成的圆盘状填料。波纹与塔轴的倾角有30°和45°两种，组装时相邻两波纹板反向靠叠。各盘填料垂直装于塔内，相邻的两盘填料间交错90°排列。波纹填料按结构可分为网波纹填料和板波纹填料两大类，其材质又有金属、塑料和陶瓷等之分。

金属丝网波纹填料是网波纹填料的主要形式，是由金属丝网制成的。金属丝网波纹填料的压降低，分离效率很高，特别适用于精密精馏及真空精馏装置，为难分离物系、热敏性物系的精馏提供了有效的手段。尽管其造价高，但因其性能优良仍得到了广泛的应用。

金属孔板波纹填料是板波纹填料的一种主要形式。该填料的波纹板片上冲压有许多Φ5mm左右的小孔，可起到粗分配板片上的液体、加强横向混合的作用。波纹板片上轧成细小沟纹，可起到细分配板片上的液体、增强表面润湿性能的作用。金属孔板波纹填料强度高、耐腐蚀性强，特别适用于大直径塔及气液负荷较大的场合。

金属压延孔板波纹填料是另一种有代表性的板波纹填料。它与金属孔板波纹填料的主要区别在于板片表面不是冲压孔，而是刺孔，用碾轧方式在板片上碾出很密的孔径为0.4~0.5mm的小刺孔。其分离能力类似于网波纹填料，但抗堵能力比网波纹填料强，并且价格便宜，应用较为广泛。

波纹填料的优点是结构紧凑、阻力小、传质效率高、处理能力大、比表面积大（常用的有125、150、250、350、500、700等）。波纹填料的缺点是不适于处理黏度大、易聚合或有悬浮物的物料，且装卸、清理困难，造价高。

c.脉冲填料。

脉冲填料是由带缩颈的中空棱柱形个体，按一定方式拼装而成的一种规整填料。脉冲填料组装后，会形成带缩颈的多孔棱形通道，其纵面流道交替收缩和扩大，气液两相通过时产生强烈的湍动。在缩颈段，气速最高，湍动剧烈，从而强化传质。在扩大段，气速减到最小，实现两相的分离。流道收缩、扩大的交替重复，实现了“脉冲”传质过程。脉冲填料的特点是处理量大、压降小，是真空精馏的理想填料。其优良的液体分布性能使放大效应减少，故特别适用于大塔径的场合。

27.填料塔的附属设备主要有哪些？

填料塔的附属设备主要有液体喷淋装置、除沫装置、液体再分布器及填料支承装置等。

28.填料塔的喷淋装置有哪些类型?

液体喷淋装置也称液体再分布装置，作用是将液体均匀地喷洒在塔顶填料上，使填料表面能够全部被淋湿。常见的类型有喷洒型、溢流型和冲击型。

喷洒型又分为管式喷洒器、环管多孔喷洒器、莲蓬头喷洒器。溢流型又分为盘式喷洒器、槽式喷洒器。冲击型又称反射式喷淋器，具有一定速度的液体从管内流出，冲击在反射板上使液体向四周飞溅，达到均匀喷淋的目的。

喷淋装置典型结构有以下三种:

①分配锥。

用于小塔，仅能装在填料层的分段之间，作为壁流收集器使用。改进分配锥可装在填料层里，收集壁流并进行液体再分布，用于直径大于600mm的塔。

②多孔盘式再分布器。

多孔盘式再分布器(图1-18)也可作为液体分布器使用。为了与气体喷射式支承板相配合，采用长方形升气管分布盘上的孔数按喷淋点数确定，孔径为Φ3~10mm。升气管的尺寸应尽可能大，其底部常铺设金属网，以防填料吹进升气管中。

图1-18　多孔盘式再分布器

这种装置用作再分布器时，为了防止上一层填料层流下来的液体直接流入升气管，应在升气管上设帽盖，帽盖离升气管上缘40mm以上。

③斜板复合式再分布器。

斜板复合式再分布器是把支承板、收集器、再分布器结合在一起（图1-19），可以减小塔的高度。其导流-集液板同时当作支承板使用，而分布槽既是收集器又是再分布器。汇集于环形槽中的壁流液体，从圆筒上的开孔流入分布槽，与由斜板导入分布槽的液体一起，通过槽底的分布孔重新均布。

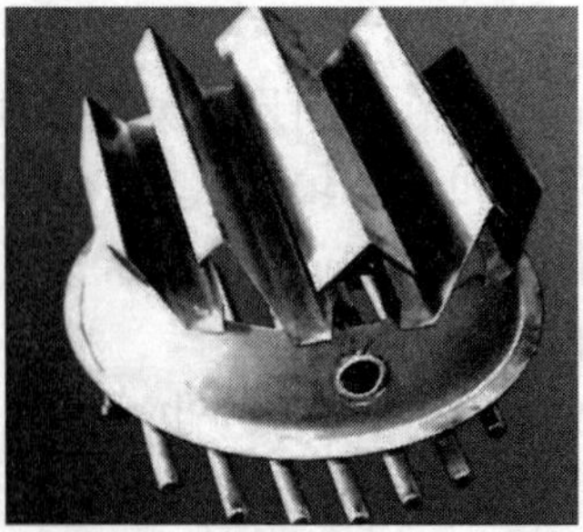

图1-19　斜板复合式再分布器

当液体负荷较大时，分布槽内的溢流管也参加工作，从而可以适应较大的液体流量变化，同时又增加了液体的喷淋点数，因而能取得良好的分布效果。

29. 简述填料塔的除雾装置

除雾器主要是由丝网、丝网格栅组成丝网块和固定丝网块的支承构成，丝网为各种材质的气液过滤网，气液过滤网由金属丝或非金属丝制成。气液过滤网的非金属丝由多股非金属纤维捻制而成，亦可为单股非金属丝。该除雾器不但能滤除悬浮于气流中的较大液沫，而且能滤除较小和微小液沫，普遍应用于化工、石油、塔器制造、压力容器等行业中的气液分离。

除雾器工作原理：当带有雾沫的气体以一定速度上升经过丝网时，由于雾沫上升的惯性作用，雾沫与丝网细丝相碰撞而被附着在细丝外表上。细丝外表上雾沫的扩散、雾沫的重力沉降，使雾沫构成较大的液滴沿着细丝流至两根丝的交接点。细丝的可润湿性、液体的外表张力及细丝的毛细管作用，使得液滴越来越大。直到汇集的液滴大到其本身产生的重力超越气体的上升力与液体外表张力的合力时，液滴就从细丝上分离下落。气体经过除雾器后，基本上不含雾沫。分离气体中的雾沫，以改善操作条件，优化工艺指标，减少设备腐蚀，延长设备使用寿命，增加处置量及回收有价值的物料、维护环境、减少大气污染等。

除雾器的除雾效率随气流速度的增加而增加，这是由于流速高，作用于雾滴上的惯性力大，有利于气液的分离。但是，流速的增加将形成系统阻力增加，也使能耗增加；而且流速的增加有一定的限度，流速过高会形成二次带水，从而降低除雾效率。通常将经过除雾器断面的最高且又不致二次带水时的烟气流速定义为临界流速，该速度与除雾器构造、系统带水负荷、气流方向、除雾器布置方式等要素有关。

除雾器的分离方法有很多，如冲击分离、重力沉降、离心分离、旋风分离、旋风板、文丘里管、电力沉降等，这些分离方法适用于不同的粒度范围，应根据脱硫后产生的雾的分布进行选择。归根结底，它旨在研究气流中各种力作用下粒子的平衡和运动规律。

常用的除雾器主要是折板（挡板型），其参数根据脱硫系统运行的各种参数确定，如叶片间距、高度、倾角和排列顺序。它分为垂直流和水平流。垂直流中的气体和液体通常是逆流的，并在捕获液滴后收集和滴下。气体和液体的水平流动是交叉流动的，在叶片的拐角处收集液滴后，它沿着沟向下流动。

除雾器是一种应用于吸收塔顶部的装置。当烟气向上移动时，通过除雾器时被除雾器的叶片拦截。撞击后，气液分离，浆液在重力作用下下落，达到除雾的目的。

30. 简述填料塔喷淋装置，不同喷淋器有何特点？

液体喷淋装置是指塔顶液相回流的喷头。填料塔在操作时，保证在任一截面上气液的分布均匀十分重要，直接影响塔内填料表面的有效利用率，进而影响传质效率。为使液流分布均匀，液体在塔顶的初始分布须均匀。为了满足不同塔径、不同液体流量以及不同均布程度的要求，液体喷淋装置有多种结构型式，按操作原理可分为喷洒型、溢流型、冲击型等，按结构又可分为管式、排管式、喷头式、盘式、槽式等。

①环管多孔喷淋器：在环管的下部开有 3~5 排孔径为 4~5mm的小孔，开孔总面积与管子截面积大约相等。环管多孔喷淋器结构较简单，喷淋均匀度比直管好，适用于直径小于1200mm的塔设备。

②排管式喷淋器：其由液体进口主管和多列排管组成。主管将进口液体分流给各列排管。每根排管上开有1~3排液孔，孔径为4~6mm。排管式喷淋器一般采用可拆连接，以便通过人孔进行安装和拆卸。安装位置要高于填料表层150~200mm。当液体负荷小于25m^3/（m^2·h）时，排管式喷淋器可提供更好的液体分布。

其缺点是当液体负荷过大时，液体高速喷出，易形成雾沫夹带，影响分布效果，且操作弹性不大。

③喷头式喷淋器：又叫莲蓬头，是应用较多的液体分布装置。莲蓬头一般由球面构成。莲蓬头直径d为塔径D的1/5~1/3，开孔总数由计算确定。莲蓬头距填料表面高度约为塔径的0.5~1倍。莲蓬头喷淋器结构简单，安装方便，但容易堵塞，一般适用于直径小于600mm的塔设备。这种装置要求液体洁净，以免发生小孔堵塞，影响布液的均匀性。

多孔式喷淋器结构简单，安装、拆卸简便，但喷淋面积小，而且不均匀，只能用于塔径较小，且对喷淋均匀性要求不高的场合。

④槽式喷淋器：属于溢流型分布器，操作时，液体由上部进液管进入分配槽，漫过分配槽顶部缺口流入喷淋槽，喷淋槽内的液体经槽的底部孔道和侧部的堰口分布在填料上。分配槽通过螺钉支承在喷淋槽上，喷淋槽用卡子固定在塔体的支承圈上。

槽式喷淋器的液体不易堵塞，分布均匀，处理量大，操作弹性好，抗污染能力强，适应的塔径范围广，是应用比较广泛的液体分布装置。但因液体是由分配槽的V形缺口流出，故对安装的水平度有一定要求。

⑤挡板式喷淋器：挡板式喷淋器是将管内流出的液体经挡板反射溅洒开的液体喷淋装置，其结构简单，不会堵塞，但布液不够均匀。

⑥溢流型盘式喷淋器：其与多孔式液体喷淋器不同，进入布液器的液体超过堰的高度时，依靠液体的自重通过堰口流出，并沿着溢流管壁呈膜状流下，淋洒至填料层上。溢流型布液装置目前广泛应用于大型填料塔。其优点是操作弹性大，不易堵塞，操作可靠且便于分块安装。

⑦冲击型喷淋器：反射板式喷淋器属于冲击型布液装置，其由中心管和反射板组成，操作时液体沿中心管流下，靠液体冲击反射板的反射分散作用而分布液体。反射板可做成平板、凸板和锥形板等形状，为了使填料层中央部分有液体喷淋，在反射板中央钻有小孔。当液体喷淋均匀性要求较高时，还可由多块反射板组成宝塔式喷淋器。

冲击型喷淋器喷洒范围大，液体流量大、结构简单、不易堵塞；但应当在稳定的压力下工作，否则影响喷淋范围和效果。

31.填料塔的液体收集再分布器有哪些结构型式？其作用是什么？

液体分布器安装于填料上部，其将液相加料及回流液均匀地分布到填料的表面上，形成液体的初始分布。在填料塔的操作中，因为液体的初始分布对填料塔的影响最大，所以液体分布器是填料塔重要的塔内件之一。

液体分布器根据其结构型式，可分为管式、槽式、喷洒式及盘式，如图1-20所示。

当液体沿填料层向下流动时，有流向器壁形成“壁流”的倾向，使液体分布不均，降低传质效率，严重时使塔中心的填料不能被润湿而形成“干锥”。

为了提高塔的传质效率，填料必须分段，在各段填料之间，安装液体收集再分布装置。其作用有二：一是收集上一填料层的液体，并使其在下一填料层均匀分布；二是当塔内气液相出现径向浓度差时，液体收集再分布器将上层填料流下的液体完全收集、混合，然后分布到下层填料，并将上升的气体均匀分布到上层填料以消除各自的径向浓度差。

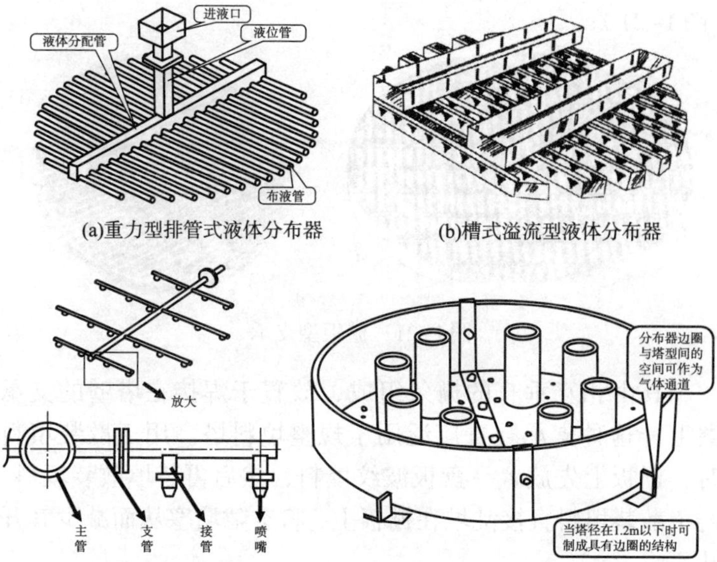

(a)重力型排管式液体分布器　(b)槽式溢流型液体分布器

(c)喷洒式液体分布器　(d)小直径塔用盘式孔流分布器

图1-20　液体分布器

液体分布器是填料塔内极为关键的内件，不仅影响填料的传质效率，而且还会对填料的操作弹性产生影响。其作用是把液体在填料顶部或某一高度上进行均匀的初始分布或再分布，用来提高传质、传热的有效表面积，改善相间接触，从而提高塔的效率。

32.填料塔的支承装置作用是什么?

填料的支承装置安装在填料层的底部。其作用是防止填料穿过支承装置而落下；支承操作时填料层的重量；保证足够的开孔率，使气液两相能自由通过。

①栅板型支承。

栅板型支承是结构较简单、较常用的填料支承装置

（图1-21）。

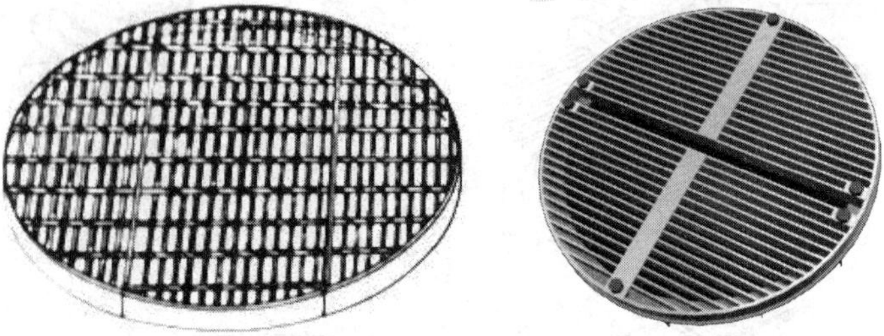

图1-21　栅板型支承

其由相互垂直的栅条组成，放置于焊接在塔壁的支承圈上。这种支承装置广泛用于规整填料塔。用于散装填料时，栅板上先放置一盘板波纹填料，然后再装填散装填料。避免散装填料直接乱堆在栅板上，将空隙堵塞从而减少其开孔率。

②气液分流型支承。

气液分流型支承属于高通量低压降的支承装置。其特点是为气体及液体提供了不同的通道，避免了栅板型支承中气液从同一孔槽中逆流通过，这样既避免了液体在板上的积聚，又有利于液体的均匀再分配。它有驼峰式支承装置［图1-22（a）］、孔管式支承装置［图1-22（b）］两种结构。

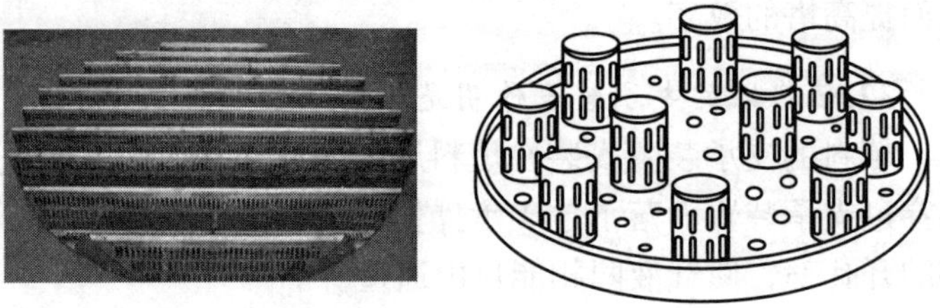

(a)驼峰式　　(b)孔管式

图1-22　气液分流型支承

33.填料塔的填料压紧器和限位器装置的作用分别是什么？

①填料压紧器。

填料压紧器又称填料压板。将其自由放置于填料层上部，靠其自身的重量压紧填料。当填料层移动并下沉时，填料压板即随之一起下落，故散装填料的压板必须有一定的重量。

常用的填料压紧板有栅条式和网板式填料压板，均可制成整体式或分块结构，视塔径大小及塔体结构而定。

填料压紧器位于填料层上部，作用是避免气速较高或压力波动较大时，填料层松动所引起的气、液相的不良分布，及散装填料的流化，保证塔正常、稳定操作。

填料压紧器适用于陶瓷、石墨等脆性散装填料；填料限位器适用于金属、塑料制散装填料及各种规整填料。

②填料限位器。

填料限位器又称床层定位器，用于金属、塑料制成的散装填料及所有规整填料。

其作用是防止高气速、高压降或塔的操作出现较大波动时，填料向上移动而造成填料层出现空隙，从而影响塔的传质效率。

对于金属及塑料制成的散装填料，可采用网板结构作为填料限位器，因为这种填料具有较好的弹性，且不会破碎，故一般不会出现下沉，所以填料限位器需固定在塔壁上。对于小塔，可用螺钉将网板限位器的外圈顶于塔壁，对于大塔，则用支耳固定。

对于规整填料，因具有比较固定的结构，所以限位器也比较简单，使用栅条间距为100~500mm的栅板即可。

34.填料塔里填料的作用是什么？一般对填料有哪几方面的要求？

填料是一种固体填充物，其作用是为气液两相提供充分的接触面，并为提高其湍流程度创造条件，以利于传质。所以填料塔效率的高低与其使用的填料关系很大，一般对填料有如下要求：

①空隙率（也称自由体积）要大，即单位体积填料层中的空隙体积要大。

②比表面积要大，即单位体积填料层的表面积要大。

③填料的表面润湿性能要好，并在结构上要有利于两相密切接触，促进湍动。

④对所处理的物料具有良好的耐腐蚀性。

⑤填料本身的密度（包括材料和结构两方面）要小，且有足够的机械强度。

⑥取材容易、制造方便、价格便宜。

35.填料尺寸应如何选择？

填料尺寸选定与塔径尺寸有关，一般要求塔径与填料直径之比不能太小，否则，填料与塔壁的间隙过大，易使液体沿塔壁空隙流下，使截面上液体分布不均。一般乱堆填料的最大装填尺寸与塔径的比例：对拉西环为1：20~1：8，鲍尔环为1：15~1：10，弧鞍形填料为1：10，矩形填料为1：10~1：8。根据经验也可按表1-1来选择。

表1-1　填料尺寸选择　　mm

塔径 D	填料公称直径	塔径 D	填料公称直径
$150<D<450$	10~25	$600<D<900$	38~50
$450<D<600$	25~38	$D>900$	50~80

36. 填料的效率是如何表示的？

填料的效率可采用传质单元高度或理论当量高度表示。同样，也可用在相同塔径、相同气速下，以填料相对压力降来表示。

37. 填料的种类很多，按其堆砌方式大体可分为哪两大类？各有哪些常见的填料？

按填料的堆砌方式大体可分为颗粒填料与规整填料两大类。

常见的颗粒填料有拉西环、鲍尔环、θ环、十字环、弧鞍、矩鞍等，规整填料主要有波纹网填料和波纹板填料等，如图1-23所示。

图1-23　常见的填料类型

①拉西环：拉西环使用历史悠久，各种参数比较完整。拉西环填料于1914年由拉西（F. Rashching）发明，为外径与高度相等的圆环。拉西环填料设计与操作经验丰富，外形简单、制造方便；取材容易、造价低廉，适用于非金属耐腐蚀材料制造。但拉西环由于表面积利用率低，气液分布较差，传质效率低，因而塔的生产能力较低，阻力较大，加上

自身的形状决定了其沟流和壁流严重，使气液分布不均匀，气液接触不良，目前工业上已较少应用。拉西环及延伸型如图1–24所示。

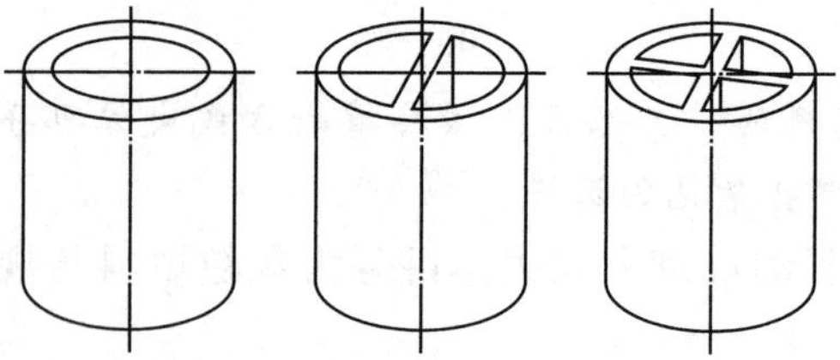

图1–24　拉西环及延伸型

②鲍尔环：鲍尔环除钢制外，还有用陶瓷和塑料制成的，具有如下优点：对于同样的空隙率而言，阻力比拉西环小，因而可提高气速，生产能力可以提高。由于小窗叶片向环中心弯曲，液体分布较为均匀，所以沟流和壁流情况比拉西环好。开小窗后表面积比拉西环要大，且环内表面得以充分利用，以进行气液传质，而拉西环内表面利用率较低。操作弹性范围大。在一般情况下，当同样压降时，处理量比拉西环大50%以上；在同样处理量时，压降可降低，传质效率能提高20%左右。鲍尔环结构如图1–25所示。

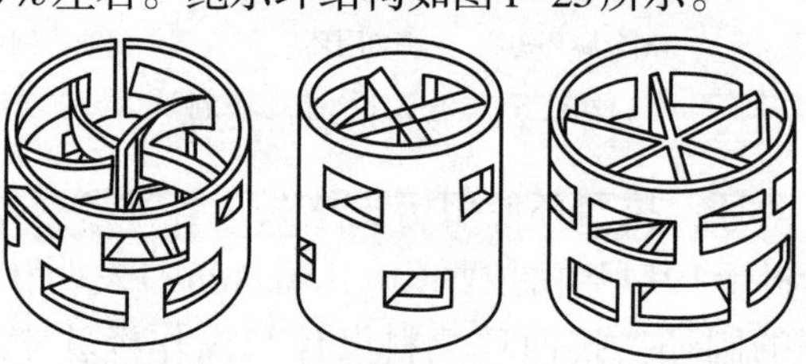

图1–25　鲍尔环

③阶梯环：阶梯环是对鲍尔环的进一步改进，其一端为

圆筒形鲍尔环，一端为喇叭圆筒形，这种填料形状不对称，表面利用率高。与鲍尔环相比，阶梯环高度减少了一半并在一端增加了一个锥形翻边。由于高径比减少，因此气体绕填料外壁的平均路径大为缩短，减少了气体通过填料层的阻力。锥形翻边不仅增加了填料的机械强度，而且使填料之间由以线接触为主变成以点接触为主，这样不但增加了填料间的空隙，同时成为液体沿填料表面流动的汇集分散点，可以促进液膜的表面更新，有利于传质效率的提高。阶梯环的综合性能优于鲍尔环，成为目前所使用的环形填料中较为优良的一种。阶梯环结构如图1-26所示。

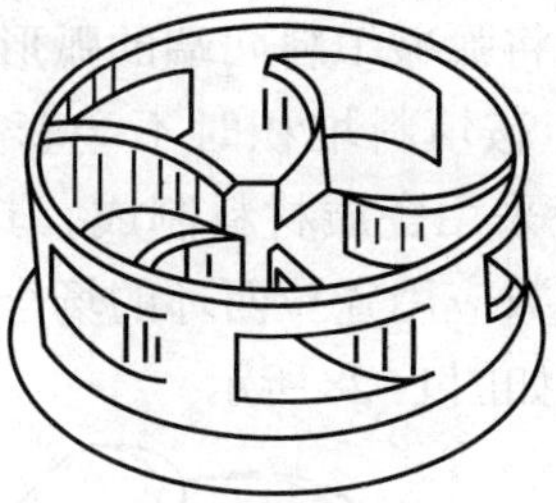

图1-26　阶梯环

④鞍形填料：鞍形填料又分弧鞍形和矩鞍形两种。此种填料常用于吸收操作，处理腐蚀性介质较为适宜，且成本低。近来，又对矩鞍形填料予以改进。其是目前瓷制填料中处理量大、效率较高的一种。鲍尔环填料由于环壁开孔，大大提高了环内空间及环内表面的利用率，气流阻力小，液体分布均匀，是一种应用较广的填料。

⑤弧鞍填料：属鞍形填料的一种，其形状如同马鞍，一般采用瓷质材料制成。弧鞍填料的特点是表面全部敞开，不分内外，液体在表面两侧均匀流动，表面利用率高，流道呈

弧形，流动阻力小。其缺点是易发生套叠，致使一部分填料表面被重合，使传质效率降低。弧鞍填料强度较差，容易破碎，工业生产中应用不多。弧鞍填料如图1-27所示。

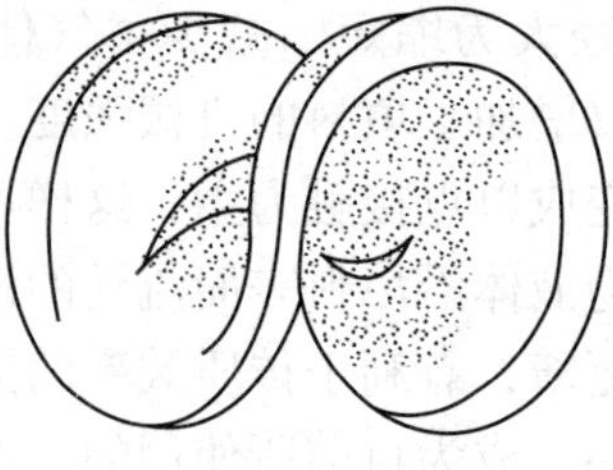

图1-27　弧鞍填料

⑥矩鞍填料：将弧鞍填料两端的弧形面改为矩形面，且两面大小不等。矩鞍填料堆积时不会套叠，液体分布较均匀。矩鞍填料一般采用瓷质材料制成，其性能优于拉西环。目前，国内绝大多数应用瓷拉西环的场合，已被瓷矩鞍填料所取代。矩鞍填料如图1-28所示。

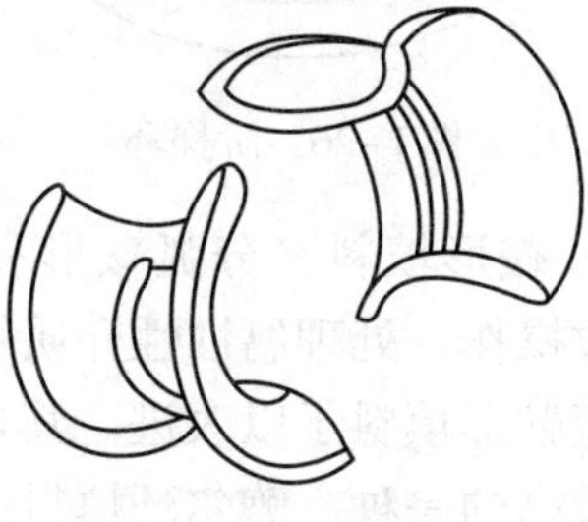

图1-28　矩鞍填料

⑦金属环矩鞍填料：环矩鞍填料（国外称为Intalox）是兼顾环形和鞍形结构特点而设计出的一种新型填料，该填料一般以金属材质制成，故又称金属环矩鞍填料。环矩鞍填料将环形填料和鞍形填料两者的优点集于一体，其综合性能优

于鲍尔环和阶梯环，在散装填料中应用较多。金属环矩鞍填料如图1–29所示。

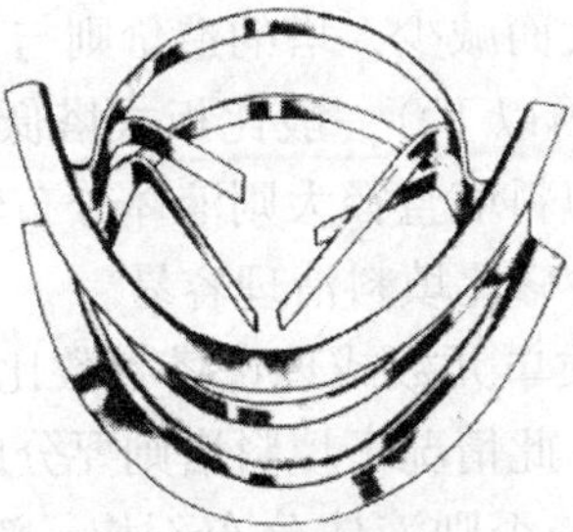

图1–29　金属环矩鞍填料

⑧球形填料：一般采用塑料注塑而成，其结构有多种。球形填料的特点是球体为空心，可以允许气体、液体从其内部通过。由于球体结构的对称性，填料装填密度均匀，不易产生空穴和架桥，所以气液分散性能好。球形填料一般只适用于某些特定的场合，工程上应用较少。

除上述几种较典型的散装填料外，近年来不断有构型独特的新型填料被开发出来，如共轭环填料、海尔环填料、纳特环填料等。

38. 填料是填料塔气液接触的元件，目前各种型式、规格的填料种类繁多，其改进的方向是什么？

填料改进的方向为增加其通过能力，以适应工业生产的需要；改善流体的分布与接触，以提高分离效率。

39. 填料塔选用填料应注意哪些因素？

选择填料时，应综合考虑生产能力、效率、操作弹性、成本和压力降、物料的腐蚀性和填料的供应等因素。

40.板式塔与填料塔应如何选用？

塔径较大时宜采用板式塔。板式塔以单位塔板面积计的造价，随塔径增大而减少，塔的造价则与其体积成正比，小直径填料塔（0.8m以下）一般比板式塔低。板式塔直径大，其效率可提高，填料塔直径大则液体分布较难均匀，效率会下降。大塔板的检修比填料清理容易。

当所需要传质单元数或理论塔板数比较多而塔很高时，板式塔比较适宜，此情况下填料塔则要分成许多段，要进行多次液体再分布，否则液体分布不均，液体或气体产生沟流，影响热效率。

若有热量须从塔内移除，宜用板式塔，因为塔板上更便于安装冷却管。板式塔可适应比较小的液体流量，若此时用填料则更易致填料润湿不足。板式塔适用于处理有悬浮物的液体，填料塔则易被悬浮物堵塞。板式塔便于侧线出料。

填料塔适于处理有腐蚀性的物料；塔板若用耐腐蚀的金属材料制造，则造价高得多。填料塔压力降比较小。真空蒸馏时需控制塔内压力降在很小的数值之下，用填料塔通常能满足要求。填料塔内滞留的液体量比较少，物料在塔内停留的时间短，故对于间歇蒸馏及热敏性物料的蒸馏更适合。填料塔适于处理易发泡的液体。

第二章　塔设备分馏操作知识

1.什么是传质过程？

系统在未达到平衡状态时，或在趋向平衡的运动中有质量转移的过程。

2.什么是传热过程？

指热能的传播过程，其方法有三种：热传导、热对流、热辐射。

3.什么是泡点温度和露点温度？

在一定压力下，将某液体混合物加热至刚刚开始汽化（刚刚出现第一个微小气泡）时保持的平衡温度，称为该液体混合物的泡点温度（简称泡点）。继续加热，直至全部汽化，将这种气体混合物在一定压力下，冷却至刚刚出现第一滴液珠所保持平衡时的温度，称为露点温度（简称露点）。

4.什么是沸点？

任何液体受热，其饱和蒸气压等于外界大气压时的温度，叫该液体的沸点。外界压强越高，液体的沸点就越高；外界的压强越低，液体的沸点也越低。

5.什么是相对挥发度？

两组分挥发难易的对比，可定量地用其挥发度之比表示，称为相对挥发度。在蒸馏分离中起决定性作用。

6. 什么是液相负荷？

又称液体负荷，对有降液管的板式塔来说，是横流经过塔板、过溢流堰落入降液管中的液体体积流量，也是上下塔板间的内回流量，是塔板液体力学状态和操作稳定性的基本参数之一。

7. 什么是气相负荷？

又称蒸气负荷，对板式塔来说，就是通过塔板的气体体积流量，往往以空塔气速或有效空塔气速来表示。

8. 什么是蒸馏？

蒸馏是反复地使用加热汽化和去热冷凝相结合的手段使一种混合物部分或完全分离的过程。它利用液体混合物中各组分沸点和蒸气压（即相对挥发度）的不同在精馏塔内进行分离。轻组分不断汽化上升而提浓，重组分不断冷凝下降而提浓，相互间不断地进行传热传质，在塔顶得到纯度较高的轻组分产物，在塔底得到纯度较高的重组分产物。其是实现分离目的的一种最基本也最重要的手段。

9. 什么是实沸点蒸馏？

实沸点蒸馏是一种间歇精馏过程，塔釜加入油样加热汽化，上部冷凝器回流塔其内装有填料供气液相接触进行传热、传质，塔顶按沸点高低依次切割出轻、重不同的馏分。实沸点蒸馏主要用于原油评价试验。

10. 什么是恩氏蒸馏？

恩氏蒸馏也叫微分蒸馏。油样放在标准的蒸馏烧瓶中，严格控制加热速度、蒸发出来的油气经专门的冷凝器冷凝后在量筒中收集，以确定不同馏出体积所对应的馏出温度，恩氏蒸馏的试验简单、速度快，主要用于石油产品质量的考核及控制。

11. 什么是等板高度?

衡量填料塔传质性能的尺度之一，指相当于一层理论塔板的填料高度，其值等于填料层总高度除以理论塔板数。

12. 什么是干板压降?

板式塔塔板压降的组成部分，指气体通过不存在液体的塔板时的压力损失。

13. 什么叫泡点压力和露点压力?

泡点压力是在恒温条件下逐步降低系统压力，当气体混合物开始汽化出现第一个气泡时的压力。

露点压力是在恒温条件下压缩气体混合物，当气体混合物开始冷凝出现第一个液滴时的压力。

14. 泡点和露点之间有何关系? 压力对泡点和露点有何影响?

在一定的压力下，对于单一物质来讲，泡点等于露点。而对于混合物，泡点温度总是低于露点温度。

压力增高，物质的泡点温度相对升高，而露点温度相对降低。压力降低，则泡点温度相应降低，而露点温度相应增高，二者之间距离拉开，更有利于分离效果的提高。

15. 什么是平衡汽化?

平衡汽化也称一次汽化，在加热过程中油品紧密接触处于相平衡状态，加热终了使气液相分离。如加热炉出口处的反应以及应用“塔板理论”概念进行精馏过程，都可以视为平衡汽化过程。在石油蒸馏过程设计时还用来求进料段、抽出侧线以及塔顶的温差。

16. 什么叫初馏点？什么叫终馏点（干点）？

蒸馏开始后，第一滴馏出物从冷凝管末端落下时的蒸馏温度，叫初馏点。终馏点（干点）是指蒸馏的试样在蒸馏末期，即将蒸干，蒸馏温度计的水银柱停止上升并开始下降时温度计所指示的最高温度。

17. 气液相平衡及相平衡常数的物理意义是什么？

气液相平衡是指气、液两种不同状态的混合物存在于一个系统中，在两相之中进行物质传递，最终系统的温度、压力保持恒定，各相的组成保持不变，这样的状态称为气液平衡。在石油蒸馏过程中气液相平衡主要研究温度、压力等操作参数与气液组成之间的联系。

相平衡常数K是指气液两相达到平衡时，在系统温度、压力条件下，系统中某一组分i在气相中的摩尔分数y_i与液相中的摩尔分数x_i的比值。即

$$K_i = y_i / x_i$$

18. 什么是雾沫夹带？影响因素有哪些？

气体在液体内鼓泡后，穿过液层时总不免带有许多液滴，小液滴相互碰撞形成大液滴落回液层，还有少量微小液滴被蒸气夹带到上层塔盘称为雾沫夹带。雾沫夹带往往使塔板效率下降。

其影响因素如下。

①处理量的大小：处理量大时，气相负荷也增大，塔内气速变大雾沫夹带就变得严重。

②塔板间距：塔板间距不能太小，否则雾沫夹带量也加大。

③塔盘结构：好的塔盘结构，能控制雾沫夹带量。

19.简述浮阀塔板的负荷性能图

确定了塔板的工艺尺寸，并对各项进行了流体力学验算（包括对工艺尺寸的必要调整）之后，可确认所设计的塔板能在任务规定的气液负荷下正常操作。此时，必须进一步揭示该塔板的操作性能，即求出维持该塔板正常操作所允许的气液负荷波动范围。这个范围通常以塔板负荷性能图的形式表示，如图2-1所示。

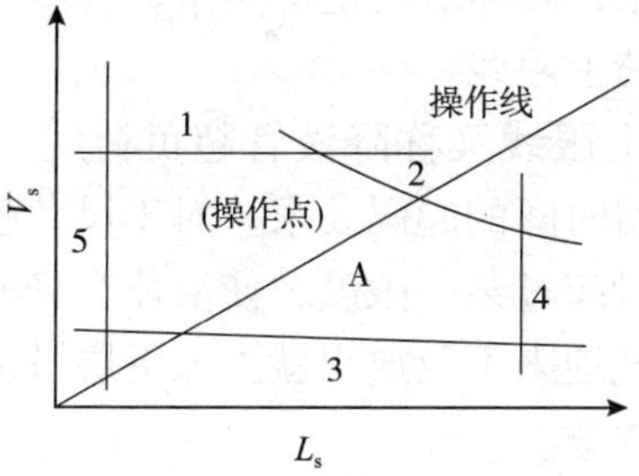

1—雾沫夹带上限线；2—液泛线；3—液相负荷上限线；4—泄漏线；5—液相负荷下限线

图2-1　塔板的负荷性能图

影响板式塔操作状态和分离效果的主要因素包括物料性质、气液负荷及塔板结构尺寸等。在系统物性、塔板结构尺寸已经确定的条件下，要维持塔的正常操作，必须把气液负荷限制在一定范围之内。在以V_s、L_s分别为纵、横轴的直角坐标系中，标绘各种界限条件下的V_s-L_s关系曲线，从而得到允许的负荷波动范围图形。这个图形即为塔板的负荷性能图。

负荷性能图对于检验塔板设计是否合理及了解塔的操作稳定性、增产的潜力及减负荷运转的可能性，都有一定的指导意义。

①雾沫夹带上限线。

雾沫夹带上限线表示雾沫夹带量 0.1kg（液）/kg（气）时的V_s–L_s关系，塔板的适宜操作区应在此线以下，否则将因过多的雾沫夹带而使板效率严重下降。

②液泛线。

液泛线表示降液管内泡沫层高度达到最大允许值时的V_s–L_s关系，塔板的适宜操作区也应在此线以下，否则将可能发生液泛现象，破坏塔的正常操作。

③液相负荷上限线。

液相负荷上限线又称降液管超负荷线。此线反映液体在降液管内停留时间的起码要求。对于尺寸已经确定的降液管，若液体流量超过某一限度，使液体在降液管内停留时间过短，则其中气泡来不及放出就进入下层塔板，造成气相返混，降低塔板效率。

④泄漏线。

泄漏线又称气相负荷下限线。此线表明不发生严重泄漏现象的最低气体负荷，是一条平行于横轴的直线。塔板的适宜操作区应在此线的上方。

⑤液相负荷下限线。

对于平堰，一般取堰上液层高度h_{OW}=0.006m作为液相负荷下限条件，低于此限时，便不能保证板上液流的均匀分布，降低气液接触效果。

塔板的适宜操作区应在此线的右侧。

20.什么叫液泛？它有什么危害？产生的原因是什么？怎样防止？

在生产过程中，由于两相中之一的流量过大，上、下两层的塔板压强降增大到使液体无法正常下流。当管内液体满到一定程度后，使下层塔板的液体满到上层去，这种现象称为液泛（淹塔）。当液泛开始时，塔的压降急剧上升，效率则急剧下降，正常的操作就被打破。其产生原因有以下两个方面：

①气相量过大使得大量液滴从泡沫层中喷出到达上层塔板，冷凝回流后增大了降液管负荷及塔板的压力降，产生淹塔现象。

②液体流量过大，降液管面积不足，使液体不能及时通过，也会产生淹塔。有时降液管堵塞也会产生这种现象。

防止液泛的主要方法有：

①尽量加大降液管截面积，但会减少塔板开孔面积。

②改进塔盘结构，降低塔盘压力降。

③控制液体回流量，使之不太大。

21.液泛现象分几种？有什么方法进行处理？

液泛现象主要分5种：

①塔底与塔顶的压差增加。

②塔底与塔顶的温差减小。

③塔顶回流罐的液位降低。

④塔底的产品产量减少。

⑤塔顶和塔底的产品质量均不合格。

处理液泛方法主要有：

①整改降液板底隙。

②降低上升蒸气量。

③减少进料量。

④降低蒸气量、回流量。

22.什么叫漏液？它有什么坏处？

液体在塔盘上横向流动并经降液管流入下一层塔盘。如果气相负荷过小，塔内气速很低，大量的液体由于重力的作用，会从阀孔或舌型塔盘的舌孔直接漏到下一层塔盘，这种现象称为“漏液”。

当上升气体流速减小，致使气体通过筛孔的动压不足以阻止板上液体经阀（筛、舌）孔流下时，便会出现泄漏现象，开始泄漏时的瞬间称为漏液点。液体经阀（筛、舌）孔向下泄漏，影响气液在塔板上的充分接触，特别是靠近进口堰处的泄漏会使塔板效率严重降低，故漏液点的气速$u_{0,\ min}$为操作时的下限气速。正常操作时，泄漏量应不大于液体流量的10%。

由于漏液，气液两相没有充分接触，降低了塔盘的效率，所以处理量应控制在允许范围内，不可随意减小。

23.什么叫气泡夹带？它有什么坏处？

液体横流过塔盘，与气体接触后由降液管流到下层塔盘。液体流入降液管时常带有大量的气泡，在降液管中停留足够的时间，使泡沫分离成气体与清液，气体上升回到上层塔盘。如果液相负荷增加，液体在降液管中流速增加，停留时间很短，液体中夹带的气泡来不及分离就被带入下一层塔盘，这种现象称为“气泡夹带”。

严重的气泡夹带同样会降低塔盘的分离效率，所以也是不允许的。防止气泡夹带的主要措施是控制回流量。

24.发生淹塔有什么现象?

在精馏过程中，自某块塔板往上液体逐渐积累，以至充满部分塔段，使上升气体受阻，使气、液两相的传质传热过程不能正常进行，这就叫淹塔。

淹塔的主要现象：塔顶温度下降，回流罐液面下降，塔底液面和压力增高。

25.淹塔的原因是什么？处理办法有哪些?

①降液管堵死，回流液无法下流。

开工时铁屑、焊渣等杂物，正常生产中设备腐蚀物的沉积，或者液体中的固体析出，溶液的自聚物，都易引起降液管堵塞。

②液体量太大，使降液管超负荷。

处理办法主要有两种：

①适当降低进料量和回流量。

②如设备故障，则停工处理。

26.什么是冲塔?

精馏塔正常操作中，气液相负荷相对稳定。当气液相负荷都过大时，气体通过塔板压降增大，会使降液管中液面高度增加；液相负荷增加时，出口堰上液面高度增加。当液体充满降液管时，上下塔板连成一片，分馏完全被破坏，就会出现冲塔。

27.冲塔的原因是什么？现象有哪些？应如何处理?

冲塔的原因：凡是形成塔内气液相负荷过大的因素都可引起冲塔，如原油的处理量过大，原料性质过轻，原油进塔含水量、塔底吹汽量、进料温度过高，回流中断或分布不均等。

冲塔现象：发生冲塔时，因塔内分馏效果变坏，破坏正常的传质传热，致使塔顶温度、压力、侧线馏出口温度、回流温度均上升，塔底液位突然下降，馏出油颜色变黑。

发生冲塔应该降低气液负荷，即降低回流量和塔底加热蒸气量，如果因为处理量过大，可降低进料量。必要时可中断进料、关闭塔底加热蒸气，待各层塔盘温度回落到正常值以下后，再重新加热、进料。

28.塔板压降如何确定？

气体通过塔板时的压降大小是影响板式塔操作特性的重要因素，也往往是设计任务规定的指标之一。在保证较高效率的前提下，应力求减小塔板压降，以降低能耗及改善塔的操作性能。

经塔板上升的气流需要克服以下几种阻力：塔板本身的干板阻力，即板上各部件造成的阻力；板上充气液层的静压力及液体的表面张力。

因此，按照目前广泛采用的加和计算方法，气体通过一层塔板时的压降应为：

$$\Delta p_p=\Delta p_c+\Delta p_l+\Delta p_\sigma$$

式中 Δp_p——气体通过一层塔板时的压降，Pa；

Δp_c——气流克服干板阻力所产生的压降，Pa；

Δp_l——气流克服板上充气液层的静压力所产生的压降，Pa；

Δp_σ——气流克服液体表面张力所产生的压降，Pa。

习惯上，常把这些压降全部折合成塔内液体的液柱高度来表示。

29.什么叫回流比？它的大小对精馏操作有何影响？

回流比是指回流量L与塔顶产品量D之比，即$R=L/D$，或指回流量L与塔进料量F之比，即$R=L/F$。回流比的标准是根据各组分分离的难易程度（相对挥发度的大小）以及对产品质量的要求而定。

一般情况下，回流比越大，则分馏效果越好。但也应有一定限度，回流比过大，势必造成塔顶液相超负荷，严重时引起塔顶雾沫夹带，或塔盘漏液。

30.精馏塔的回流分哪两部分回流？增大精馏塔回流比的措施有哪些？

精馏塔的回流主要是指精馏塔塔顶的液相回流和精馏塔塔釜部分汽化造成的气相回流。

增大精馏塔回流比的措施是增大塔底的加热速率和塔顶冷凝量。

31.塔顶回流起什么作用？

塔顶回流在于建立起精馏的必要条件和维持全塔的热量平衡，也就是说，它实际上起到两个作用：

一是提供了精馏段从塔顶到进料口的每一块塔盘上的液相回流，与逐板上升的气相进行接触，创造了气液两相之间传热传质的条件。

二是取走塔内过剩热量，维持塔内各点的热平衡。

32.塔顶回流按温度分，有几种形式？

塔顶回流形式按温度分主要有冷回流、热回流和部分冷凝液相回流。

冷回流是将塔顶气相馏出物在冷凝器中全部冷凝后再进一步冷却，使其冷到泡点温度以下成为过冷液体，用它作为塔顶回流。冷回流又称过冷液相回流。

热回流是将塔顶气相馏出物在冷凝器中全部冷凝到泡点温度（全凝），用该饱和液体作为塔顶回流。热回流又称饱和液相回流。

冷凝液相回流是将塔顶气相馏出物在冷凝器中部分冷凝，将冷凝的凝液作为塔顶回流。这种回流必须设置一个气液分离罐。

33. 什么叫精馏段和提馏段？

一个完整的精馏塔应包括精馏段和提馏段，在塔的加料位置以上，上升蒸气中所含的重组分向液相传递，而回流液中的轻组分向气相传递。如此物质交换的结果，使上升蒸气中轻组分的浓度逐渐升高。只要有足够的相际接触表面和足够的液体回流量，到达塔顶的蒸气将成为高纯度的轻组分。塔的上半部完成了上升蒸气的精制，即除去其中的重组分。

在塔的加料位置以下，下降液体（包括回流液和加料板中的液体）中的轻组分向气相传递，上升蒸气中的重组分向液相传递。这样，只要两相接触面和上升蒸气量足够，到达塔底的液体中所含的轻组分可降至很低，就能获得高纯度的重组分。塔的下半部完成了下降液体中重组分的提浓即提出了轻组分，因而称为提馏段。

34. 蒸馏塔板在蒸馏过程中有何作用？

蒸馏塔板在蒸馏过程中主要提供气液相良好的接触条件，以便于传热、传质过程的进行。在蒸馏塔板上进行传质过程的同时也进行着热量传递过程。蒸馏塔板设计的一个重要的指导思想在于提供气液相充分接触的传热、传质表面积。面积越大越有利于过程的进行。

35. 精馏过程的必要条件有哪些?

①精馏过程主要是依靠多次汽化及多次冷凝的方法，实现对液体混合物的分离。因此，液体混合物中各组分的相对挥发度有明显差异是实现精馏过程的首要条件。

②塔顶加入轻组分浓度很高的回流液体，塔底用加热或汽提的方法产生热的蒸气。

③塔内要装设有塔板或填料，使上部上升的温度较高、重组分含量较多的蒸气与上部下降的温度较低、轻组分含量较多的液体相接触，同时进行传热和传质过程，蒸气中的重组分被液体冷凝下来，其释放出的热量使液体中的轻组分得以汽化。

36. 在塔板上气液接触有哪几种类型?

塔板是板式塔的核心部件，它的主要作用是造成较大的气液接触的表面积，以利于在两相之间进行传质和传热的过程。

塔板上气液接触的情况因气速的变化而有所不同，大致可分为以下四种类型：

①鼓泡接触。当塔内气速较低的情况下，气体以一个个气泡的形态穿过液层上升。塔板上所有气泡外表面之和即该塔板上气液传质的面积。

②蜂窝状接触。随着气速的提高，单位时间内通过液层气泡数量增加，使液层变成蜂窝状。它的传质面积要比鼓泡接触大。

③泡沫接触。气体速度进一步提高时，穿过液层的气泡直径变小，呈现泡沫状态的接触形式。

④喷射接触。气体高速穿过塔板，将板上的液体都粉碎

成液滴，此时传热和传质过程则是在气体和液滴外表面之间进行。

前三种情况在塔板上的液体是连续的，气体是分散相进行气液接触传热和传质过程的，喷射接触在塔板上气体处于连续相，液体变成分散相。

37.随着气液相负荷的变动，操作工艺上会出现哪些不正常的现象？

①雾沫夹带。雾沫夹带是指塔板上的液体被上升的气流以雾滴形式携带到上一层塔板从而降低了塔板的效率，影响产品的分割。塔板的间距增大、液滴沉降时间增加，雾沫夹带量可相应减少，与现场生产操作有关的是气体流速变化的影响，气体流速变大，空塔气速均相应上升，会使雾沫夹带的数量增加。除此之外，雾沫夹带还与液体流量、气液相黏度、密度、界面张力等物性有关。

②淹塔。塔内气液相流量上升造成塔板压降升高，由于下层塔板上方压力提高，如果要正常地溢流，则入口溢流管内液层高度也必然升高。当液层高度升到与上层塔板出口持平时，液体无法下流就会造成淹塔的现象。

③漏液。塔板漏液的情况是在塔内气速过低的条件下产生的。浮阀、筛孔、网孔、浮喷等塔板当塔内气速过低，板上液体就会通过升气孔向下一层塔板泄漏，导致塔板分离效率降低。漏液的现象往往会在开停工低处理量操作时出现，有时也与塔板设计参数选择不当有关。

④降液管超负荷及液层吹开。液体负荷太大而降液管面积太小，液体无法顺利地向下一层塔板溢流也会造成淹塔。液体流量太小，容易造成板上液层被吹开，气体短路影响分

离效果。这一现象在生产操作时极少发生。

38.精馏塔的操作中应掌握哪三个平衡？

精馏塔的操作应掌握物料平衡、气液相平衡和热量平衡。

物料平衡指的是单位时间内进塔的物料量应等于离开塔的诸物料之和。物料平衡体现了塔的生产能力，其主要是靠进料量来调节的。操作中，物料平衡的变化具体反映在塔底液面上。当塔的操作不符合总的物料平衡时，可以从塔压差的变化上反映出来。

气液相平衡主要体现了产品的质量及损失情况。它是靠调节塔的操作条件（温度、压力）及塔板上气液接触的情况来达到的。只有在温度、压力固定时，才有确定的气液相平衡状态。当温度、压力发生变化时，气液相平衡所决定的组成就会发生变化，产品的质量和损失情况也随之发生变化。

气液相平衡与物料平衡密切相关，物料平衡掌握好了，塔内上升蒸气速度合适，气液接触良好，则传热传质效率高，塔板效率亦高。

热量平衡是指进塔热量和出塔热量的平衡，具体反映在塔顶温度上。热量平衡是物料平衡、气液相平衡得以实现的基础，反过来又依附于它们。没有热的气相和冷的回流，整个精馏过程无法实现。而塔的操作压力、温度改变（气液相平衡组成改变），每块塔板上气相冷凝的放热量和液体汽化的吸热量也会随之改变，体现在进料供热和塔顶取热变化上。

掌握好物料平衡、气液相平衡和热量平衡是精馏塔操作的关键所在，三个平衡之间相互影响、相互制约。在操作中通常以控制物料平衡为主，相应调节热量平衡，最终达到气液相平衡。

39.精馏塔运转中重沸器或重沸炉主要起什么作用？

精馏是依靠塔内组分部分汽化和部分冷凝的多次过程进行混合物分离的。物料组分的汽化需要热量，其热量就是由重沸器或重沸炉提供的，如果重沸炉提供的热量不够，则组分不能有效地分离，塔顶和塔底组分都将不合格；热量太大，使汽化量增加，回到塔内的回流量也增加，公用工程消耗增加。

40.进料负荷对塔操作有何影响？塔的负荷有变化时，塔的操作要如何调整？

进料负荷由装置的物料平衡所决定，一般稳定不变。若进料量增大，需增加塔内气液相负荷，在一定范围内，可以改进传热传质效应，提高分离效果。当负荷太大超过塔设计允许值的范围，会造成过多的雾沫夹带，使产品纯度下降；如果负荷太小则因气相速度太小，可能造成漏液，使塔底产品不合格，此时一般要加大塔顶回流量使气速增加到适当值，塔的操作虽可维持，但加热量增加了，公用工程消耗相对提高。装置的负荷变化时，首先将加热量适当改变，使回流比R/F（R为回流量，F为塔进料量）仍保持已经选定的最佳值。如果负荷太小，则必须加大R/F，虽然能耗增加了但产品仍然合格。

41.塔的升温速度一般以多少为宜？

塔的升温速度一般以15~30℃/h为宜。

升温速度太快，管道设备热膨胀就会太快，易引起损坏：升温速度太快也易使温度达到液体沸点，如果突然汽化，上升蒸气量瞬间变化很大，可能造成塔板的冲击而引起损伤性事故。

42.精馏塔操作中为何要调节回流比?

回流比是根据对原料的分离要求而确定的。回流比过大或过小，都会影响精馏操作的经济性和产品的质量。加大回流比，可使塔顶产品中轻组分浓度增加，但减少了塔的生产能力，也使塔顶冷量、塔底热量的消耗增加。在正常操作中，应保持适宜的回流比，以便在保持产品质量的前提下，争取最好的经济效果。只有在塔的生产条件受到破坏或产品质量不合格时，才能调节回流比。例如，塔顶产品中的重组分含量增加，质量下降，要适当增大回流比；塔的进料负荷过低，为了保证塔内一定的上升蒸气速度，也要适当增大回流比。

43.塔液泛的原因是什么？防止塔液泛的措施有哪几种?

当塔板上的气液相负荷过大时，就会产生塔液泛的现象。实际上就是上一块塔板液体经过降液管与塔板的间隙来不及流下去。这样，该层塔板渐渐装满了液体，以后上一层塔板也装满了液体，便发生了液泛。这样塔下部的压力越来越高，液体更难流下来，如果减少加热量，则塔底又会满液位。

防止塔发生液泛的主要措施：①规定进料量。②规定回流量。两者一经设定后，便不能随便增加。

44.精馏塔开车时冷循环的目的是什么?

①进一步检查机械设备、法兰、阀门等有无漏处。

②通过冷循环联运，将系统的机械杂质聚集到泵进口过滤器中除去。检查各压力表、控制阀流量显示和液面显示是否正常，确认各调节系统运行正常。

③为系统的升温做好准备。

45.精馏塔在进料前应做好哪些工作？

①确认系统气密合格，氮气置换合格。

②系统与其他系统之间的阀门开关状态正确。

③系统内的所有阀门开关状态正确。

46.精馏塔在升温之前应做好哪些工作？

①确认放空系统畅通。

②要启动塔顶冷凝器或空冷确保塔顶气相能及时冷凝。

47.精馏塔开车时，为何要不断地向塔内补料？

①开车时物料汽化变为气相要消耗大量的塔釜液。

②塔顶回流罐内的液体和建立回流时塔板上的液体要消耗大量的塔釜液。

③随着回流量的逐步加大，塔板上液体也越来越多，所以精馏塔开工时应不断向塔内补料直至回流正常。

48.为什么多数精馏塔进料温度为泡点温度？

控制合适的进料温度可提高精馏段的分离效果，使精馏塔有一个较合适的汽化率。若进料温度高，汽化率大，可使重组分较多地上移到精馏段，容易造成塔顶产品干点高，这样液相回流相应负荷增大。反之进料温度低，则塔底重沸器负荷大。因此，一般进料温度控制在进料的泡点温度范围。

49.精馏塔的启动步骤是什么？

精馏塔的启动步骤：

①精馏塔系统气密试验合格。

②氮气置换合格，进出系统的所有阀门开关状态正确。

③进料，当用加热炉作为再沸器时，则需在塔底建立一

定液位后，启动塔底泵建立冷循环。

④确认精馏塔放空系统畅通，并启动塔顶冷凝器。

⑤冷循环稳定后，按规定步骤点燃加热炉对精馏塔升温。

⑥限制升温速度≤30℃/h。

⑦视情况向塔内补料，防止抽空或塔釜满液位。

⑧注意塔的温度变化，至塔顶回流罐建立液位（30%）时，启动塔顶回流泵。

⑨逐步加大汽化量，进行精馏塔的全回流运转，调整加热量和回流量，直到塔顶和塔底组分合格，稳定运转。

精馏塔开车注意事项：

①升温前开启空冷。

②打开放空。

③注意升温速率。

④塔底液位80%，不能淹没塔板、煮翻塔板，塔釜及时补液。

50. 精馏塔塔顶回流突然中断的原因可能是什么？应如何处理？

回流中断原因可能是：

①回流泵的电动机跳闸。

②回流罐内物料抽空。

③回流泵气阻不上量。

④控制回流的调节阀发生故障或失灵。

如果精馏塔塔顶回流突然中断，要及时分析中断原因，以便采取相应措施。如果是短时中断，就不必把产品切循环；如果是长时间中断，则要把产品切循环，直至回路恢复正常，产品分析合格为止。

51. 在精馏操作时，出现或发生塔底温度升不起来的原因可能是什么？

①塔底重沸器堵塞。

②塔底组分过重，现有的热源不能将塔底液体加热至泡点，导致塔底液循环不畅通。

③塔底液面太低或太高。

④塔板上塔盘泄漏量过大。

52. 精馏塔开车升温速度太快有什么危害？

①升温速度太快，管道设备因不均匀膨胀易在焊缝处引起损坏和法兰泄漏。

②升温速度太快有可能蒸干塔釜而造成严重事故。

③升温速度太快使塔内大量蒸气上升到塔顶，来不及冷凝，使塔顶超压引起设备事故。

53. 塔顶为什么要安装安全阀？

在生产过程中，往往由于某种原因塔内压力升高，以至超出设备的允许压力，而引起设备爆炸，为此，在塔顶安装安全阀，当其压力升至某一数值后，就会自动开启排空，使设备内压力不再继续升高，从而保护了设备，防止了爆炸事故的发生。

54. 进料组成对塔的操作有何影响？塔压对塔的操作有何影响？

当加热量和回流恒定时，进料中轻组分增加，使整个塔温度下降，塔顶和塔底产品中轻组分含量都会增加；当进料中重组分含量增加时，则情况相反。正常操作时，如果其他条件不变，塔压升高，可能会导致塔底产品不合格，因为轻组分蒸发上去有困难。

55.造成精馏塔塔顶产品不合格的主要因素有哪些？会造成什么影响？

①回流比小，达不到设计值，塔顶产品中的重组分将超过设计值。

②进料中含有更轻的组分，造成塔顶产品不合格。

③进料中组分变重，导致塔盘的重组分上移使塔顶产品不合格。

④进料负荷太低造成漏液。

⑤进料负荷太高导致雾沫夹带。

⑥灵敏板温差设定太高或灵敏板温度太高导致重组分上移。

⑦向温差控制器或灵敏板温度控制器提供的温度测量值不准。

⑧受其他系统内组分的污染。

⑨重沸炉或塔底重沸器操作不稳定。

56.精馏塔回流调节阀是气开阀还是气关阀？为什么？

精馏塔回流调节阀是气关阀，防止精馏塔回流调节阀在仪表风中断时，因回流为零，导致塔的超压以及塔釜被蒸干时造成严重的设备事故。

57.什么叫灵敏板？

在精馏塔的逐板计算中，可以发现某一塔板和相邻的塔板相比组成变化较大，表现在温度变化大，在操作发生变化时，该板的温度变化最灵敏，所以叫灵敏板。

58.控制灵敏板的作用是什么？

在精馏塔中，各层塔板上存在一定的浓度差，同时也存在着相应的温差。沿塔由下而上，轻组分的浓度不断增加，温度则逐渐下降，同时，各层塔盘上也存在着一定的浓度梯度，但自下而上，浓度的变化并不是等差的，其中必有一块塔板的变化特别大。在受到干扰时，相对应的温差变化量最大的那块板称为灵敏板，因此控制灵敏板的温度变化就能保证产品的质量。

59.确定温差灵敏区前应达到什么条件？

①进料应该稳定。

②在正常的塔底温度下，塔底产物基本不含塔顶组分。

③塔顶温度和回流量接近正常状态，产品稳定合格。

④回流罐中存水已彻底脱除。

60.怎样寻找温差灵敏区？

在塔各部操作平稳、产品质量合格条件下进行。

①塔顶回流量改单参数控制。

②固定塔底温度逐渐降低回流，使温差上升，至产品干点不合格时，温差即为上限。

③逐步平稳操作，恢复产品质量合格。此时再逐渐增加回流量，使温差下降，至下个塔产品初馏点不合格时，此温差即为温差下限。

④调节回流量，恢复产品合格，稳定回流量和温差，改串级控制。

温差上限与温差下限之间的区域即是温差灵敏区。

61.如何选定温差灵敏区？

理论上讲，温差上限和下限之间的温度变化范围，即为温差灵敏区，但温差的上限或下限操作都是不适宜的，因为接近上限时，塔顶产品经常夹带重组分。接近下限时，塔底产品经常夹带轻组分，而这时温度变化也不够灵敏，组成变化后，温差也反映不出来。根据实际经验，温差灵敏区一般选择在接近上限，但不准超过上限，否则容易夹带重组分。

62.温差在指标范围内，但回流量很小，是什么原因？有何影响？怎样调节？

温差在指示范围内，但回流量很小的原因主要是：

①冷后温度过低。

②塔底温度过低。

冷后温度过低，破坏了塔内的气液两相平衡，气相过大、液相过小导致产品干点不合格。塔底温度偏低，温差虽然在控制指标内，但使精馏效果变差，影响轻组分干点和重组分初馏点。

调节方法：

①提高冷后温度。

②提高塔底温度至正常范围内。

63.什么是精馏塔的负荷上限、下限？

精馏塔的负荷上限是以上升蒸气雾沫夹带量不超过蒸气量的10%为限制。下限是以塔板上液体的泄漏量不超过液体流量的10%为限制。

64.什么是关键组分？

分离多组分混合物的精馏塔，必须规定该塔的分离任务，即挥发度相邻的两个组分的分离度，该分离度是指挥发度相邻的两个组分中，轻组分在塔釜排出液中的浓度及重组分在塔顶馏出物中的浓度。这时相邻两组分中的轻组分为轻关键组分，重组分为重关键组分。

65.一个完整的精馏塔由几段组成？

一个完整的精馏塔由提馏段、进料段、精馏段构成。

66. 精馏是怎样分类的?

精馏按精馏操作方式不同，可分为间歇精馏和连续精馏。

精馏按精馏操作条件（如压力）不同，可分为加压精馏、常压精馏、减压精馏等。

67. 什么是塔的操作弹性?

塔的操作弹性是指最大允许负荷（负荷上限）与最小允许负荷（负荷下限）之比。精馏塔的负荷上限，使用雾沫夹带控制（允许夹带量不大于10%），以能引起“液泛”现象为限。负荷下限，是以漏液量接近10%为准。

一般来说，浮阀塔操作弹性较大，可达9%左右，泡罩塔约为5%，筛板塔较小，填料塔相对最小。

68. 什么是塔板效率?

在实际生产中，由于接触时间有限，雾沫夹带，还有制造和安装的影响，气液两相不能达到平衡状态，使实际的塔板数大于理论的塔板数。理论塔板数与实际塔板数之比就是塔板效率。

69. 影响塔板效率的因素有哪些?

塔板效率反映实际板上传质过程进行的程度。根据由双膜理论导出的传质速率方程式可知，传质系数、传质推动力、传质面积和两相接触时间应是决定塔板上各点处气液接触效率的几个重要因素。塔板效率是塔板上各点处接触效率的综合体现，因而，决定塔板效率高低的另一重要因素是塔板上液体的返混程度，此外雾沫夹带及漏液现象，造成液相在塔板之间返混，也使达到一定分离指标所需的板的层数增多，总板效率下降。进一步分析上述各因素，可归纳出以下几个方面：

①物系性质。

物系性质主要指黏度、密度、表面张力、扩散系数、相对挥发度等。液体的黏度、密度直接影响塔板上液流的湍动程度，进而影响传质系数和气液接触面积。表面张力影响泡沫生成的数量、大小及其稳定性，因而也影响接触面积的大小。物系的分子扩散系数对传质系数有直接影响，相对挥发度等相平衡常数的影响则体现在传质推动力和过程速率的控制因素之中。

②塔板型式与结构。

塔板结构因素主要包括板间距、堰高、塔径以及液体在板上的流经长度等。各种结构因素对操作状况及塔板效率的影响前已有所讨论。

③操作条件。

操作条件是指温度、压强、气体上升速度、溢流强度、气液流量比等因素，其中气速的影响尤为重要。在避免大量雾沫夹带和避免发生淹塔现象的前提下，增大气速对于提高塔板效率一般是有利的。

70.什么是塔板的总板效率?

总板效率（E_T）又称全塔效率，是指达到指定分离效果所需理论板层数与实际板层数的比值，即

$$E_T = \frac{N_T}{N_P}$$

式中　N_T——塔内所需理论板层数；

N_P——塔内实际板层数。

板式塔内各层塔板的接触效率并不相同，总板效率简单地反映了整个塔内所有塔板的平均效率。设计中为便于计算实际板层数，都采用总板效率。

71. 什么是塔板的单板效率？

塔板的单板效率又称默弗里（Murphree）板效率，是指气相或液相经过一层实际塔板前后的组成变化与经过一层理论塔板前后的组成变化的比值。第n层塔板的效率有如下两种表达方式。

按气相组成变化表示的单板效率为：

$$E_{MV}=\frac{y_n-y_{n+1}}{y_n^*-y_{n+1}}$$

按液相组成变化表示的单板效率为：

$$E_{ML}=\frac{x_{n-1}-x_n}{x_{n-1}-x_n^*}$$

式中 x_n——离开第n板的液相组成（摩尔分数）；

y_n——离开第n板的气相组成（摩尔分数）；

y_n^*——与离开第n板的液相组成x_n平衡的气相组成（摩尔分数）；

x_n^*——与离开第n板的气相组成y_n平衡的液相组成（摩尔分数）。

一般来说，同一层塔板的 E_{MV} 与 E_{ML} 数值并不相同。在一定的简化条件下通过对第n层塔板作物料衡算可以得到 E_{MV} 与 E_{ML} 的关系，即

$$E_{MV}=\frac{E_{ML}}{E_{ML}+\frac{mV}{L}(1-E_{ML})}$$

式中 m——第n层塔板所涉及浓度范围内的平衡线斜率；

L——气、液两相摩尔流量之比，即操作线斜率；

V——分馏出的液体总量。

可见，只有当操作线与平衡线平行时，E_{MV}与E_{ML}才会相等。

72. 什么是塔板点的效率？

塔板点效率是指塔板上各点处的局部效率。以气相点

效率E_{OV}为例，设流经塔板某点上方的液相浓度为x，与x呈平衡的气相浓度为y^*。由下部进入该位置的气相浓度为y_{n+1}，经与液相接触后由该处液面离去的气相浓度为y，则该局部位置上的气相点效率定义为：

$$E_{OV}=\frac{y-y_{n+1}}{y^*-y_{n+1}}$$

当板上液体处于完全混合的条件下时，点效率E_{OV}与单板效率E_{MV}具有相同的数值。直径很小的以及逆流式的塔板上的情况与此接近。

73.通常塔的进料温度有什么要求?

常见的进料情况有沸点进料、冷液进料、饱和蒸气进料、气液混合进料和过热蒸气进料。

如果是冷液进料，且进料温度低于加料板上的温度，那么加入的物料全部进入提馏段，使提馏塔负荷增加，塔釜消耗蒸气量增加，塔顶难挥发组分降低。若塔顶为产品，则会提高产品质量。

如果是饱和蒸气进料，则进料温度高于加料板上的温度，所进物料全部进入精馏段，精馏段的负荷增加，会使塔顶产品质量降低，甚至不合格。精馏塔较为理想的进料情况是沸点进料，它较为经济和常用。

74.怎样提高填料塔的处理能力?

①增压、降压操作。

若设备及工艺条件允许，适当增压、降压是提高填料塔处理能力的最好办法。

常压和低压、相对挥发度高及相对挥发度随压力变化不大时，适当增加压力，有利于提高填料塔处理能力。

压力较高、相对挥发度低及相对挥发度随压力升高而降低很大时，可以选择降低压力，提高填料塔处理能力。

②增加操作的稳定性。

填料塔阻力小，持液量低，耐波动性能差。填料塔在接近上限负荷操作下，很小的波动就会使塔超过负荷上限，效率下降，一旦效率下降，则很难恢复，特别是理论级数多的塔，平衡时间很长。为了能够使填料塔在上限操作，稳定操作，减少外界条件变化至关重要，好的控制系统起很大作用。增强填料塔的操作稳定性，一般可提高5%~10%的处理能力。

③降低收率。

提高生产能力的另一办法是降低回流比，使收率下降，这种方法虽不提倡，但工厂在生产能力受限制时或多或少地不自觉地采用了。收率降到某一数值后，继续降低收率提高处理能力便不再经济。因为此时收率再降低，产品的生产能力也不再提高。

采取以上措施应注意各液体分布器的操作弹性。

75.如何提高填料塔分离效率?

①增加回流。

一个塔的分离效率一定，若不在最大负荷下操作，提高分离效率的较简单方法是增大回流比。

②增压、降压操作。

前已叙述，一般物系压力上升，相对挥发度减小，降压操作可增大物系的相对挥发度，因此若填料塔不在最大负荷下操作，可适当降压操作，提高分离效率；若填料塔已在最大负荷下操作，可适当增压并增大回流比。

③进料的预冷、预热。

提高塔上段的分离效率，可采用预冷进料；相反，提高塔下段的分离效率，可采用预热进料。

④增强塔操作的稳定性。

增强塔操作的稳定性同样可以提高塔的分离效率。产品中杂质含量低意味着需要较高的分离效率，稳定操作时需要的分离级数较少。从能耗角度看，稳定操作能耗相对最少。

⑤降低收率。

减小产品采出量，使产品质量提高，但收率降低。

76.如何调节塔釜再沸器?

①降低操作压力。压力降低，塔釜温度降低，换热温差加大，加热量增加。

②提高进料温度。进料温度提高，减少进料以下的内回流，从而减少了所需加热量。

77.塔有哪些不正常的操作现象?

①雾沫夹带：一定的液体流量，气速越大，雾沫夹带越大，塔板上液层越厚。液层厚度增加，相当于板间距减小，对雾沫夹带量的影响增大。因此，当气速增至某一定数值时，塔板上必将出现恶性循环，板上液层不断地增厚而不能达到平衡，最终液体将充斥全塔，并随着气体从塔顶溢出，这种现象称为雾沫夹带。

②溢流液沫：因降液管通过能力的限制而引起的液沫称为溢流液沫。塔板压降太大通常是降液管内液面太高的主要原因。因此塔板压降很大的塔板都比较容易发生溢流液沫。由此可见，气速过大同样会造成溢流液沫。此外，塔内某块塔板的降液管阻力急剧增加（如堵塞）也会造成溢流液沫。

③漏液：当气体流速较小时，塔板上部分液体会从筛孔中直接落下，这种现象称为漏液现象。除塔板的结构因素外，气速是决定塔板是否漏液的主要因素。

78.精馏过程的实质是什么?

精馏过程的实质是不平衡的气液两相在塔内多次逆向接触，多次进行部分汽化和部分冷凝，达到传热、传质的目的，使气相中轻组分浓度不断提高，液相中重组分浓度不断提高，从而使混合物分离。

79.塔内上升蒸气速度的波动对精馏操作有什么影响？

塔内上升蒸气的速度大小，直接影响着传质效果。一般地说，塔内最大的蒸气上升速度应比液泛速度小一些，工艺上常选择最大允许速度为液泛速度的80%，速度过高会产生液泛或雾沫夹带，速度过低会产生泄漏现象，使塔板效率显著下降。

80.塔底重沸器加热量的波动对精馏有什么影响？

重沸器的加热量是影响塔内上升蒸气速度的主要因素。在塔底保持稳定的情况下，加热量增加，塔内上升蒸气速度增大；加热量减小，塔内上升蒸气速度减小。加热量的调节范围过大、过猛，有可能造成液泛或漏液，甚至导致超温超压。

81.精馏塔的进料口为什么通常都设置两个以上？

调节进料口的位置是以进料组分发生变化为准，当进料中轻关键组分比正常操作少时，应将进料口位置下移，以增加精馏段的塔板数，从而提高精馏段的分离能力。反之，当进料中轻关键组分增多时，进料口的位置应该上移，以增加提馏段的板数，从而提高提馏段分离能力。

82.精馏塔中的轻重关键组分有哪些？

精馏塔进行分离时，沸点低的一般从塔顶走，沸点高的一般从塔底走；如果进料只有两种物质，那么很好定义，沸点低的就是轻组分，沸点高的就是重组分。当进料有多种物质时，如图2-2所示，A、B、C、D、E按照沸点从低到高排列，这时候如何找到轻关键组分和重关键组分呢？

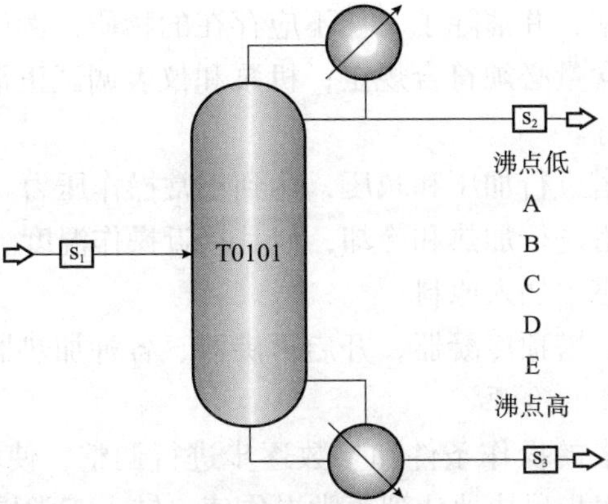

图2-2　精馏塔示意

假如这个精馏塔的目标是将进料切割为A、B（从塔顶走）和C、D、E（从塔底走），那么B就是轻关键组分，C就是重关键组分。只要B往塔顶走了，那么A肯定全部往塔顶走，因为A的沸点比B还低；同理，只要C往塔底走了，那么D和E肯定全部往塔底走，因为D和E的沸点更高。B和C这两个物质的分离水平就决定了整个塔的分离水平，所以称为关键组分。

当然，我们也可以发现，切割位置决定关键组分的选择，即使是相同的进料，如果这个塔的目标是将进料切割为A、B、C（从塔顶走）和D、E（从塔底走），那么这个时候C就是轻关键组分，D就是重关键组分。

83.精馏塔开车的一般步骤是什么？

①制定出时间表和必需的预防措施；准备好必要的原材料和水电汽供应；配备好人员编制，并完成相应的培训工作等。

②塔的结构必须符合设计要求，塔中整洁，无固体杂

物，无堵塞，并清除了一切不应存在的物质，例如塔中含氧量和水分含量必须符合规定；机泵和仪表调试正常；安全措施已调整好。

③对塔进行加压和减压，达到正常操作压力。

④对塔进行加热和冷却，使其接近操作温度。

⑤向塔中加入原料。

⑥开启塔顶冷凝器，开启再沸器、各种加热器的热源和各种冷却器的冷源。

⑦对塔的操作条件和参数逐步进行调整，使塔的负荷、产品质量逐步尽快地达到正常操作值，转入正常操作。

由于各精馏塔处理的物系性质、操作条件和整个生产装置中各部件所起的作用等千差万别，具体的操作步骤很可能有差异。重要的是必须重视具体塔的特点，谨慎地确定开车步骤。

84. 怎样调节进料中轻组分的量？

当进料中轻组分增加，量过大时，会带来加料不稳，釜温下降，真空下降等问题。应采取以下措施：

①检查混硝中是否带水或甲苯含量是否有所增加，找出原因加以解决。

②加大顶采量，减小回流比。

进料中轻组分减少表现为塔顶温度上升。应采取以下措施：

①减少顶采量，增大回流比。

②改变加料点位置。

85. 如何控制精馏塔？

在塔的正常控制中，严格保持塔顶压力、塔釜温度、进料量和预热温度的稳定，根据分析的结果调整原则：如果釜液中难挥发组分沸点低，塔顶易挥发组分沸点不是很高，应加大顶采；反之应减少顶采或进入全回流状态。

生产中一定要做到稳定均衡，避免大起大落的现象发生，即使塔内出现严重的不平衡也不要调整幅度过大。

86.萃取精馏塔开车与一般精馏塔开车有何不同？

萃取精馏塔在开车时，首先在不加料的情况下，进行萃取剂的循环和按工艺指标进行升温。当萃取剂按正常工艺流程建立循环后，方可加料。

87.开车时釜液的升温为什么要缓慢进行？

空塔加料时，由于没有回流液体，精馏段的塔板上处于干板操作的状态。由于没有气液接触，气相中的难挥发组分容易被带入精馏段。

如果升温速度过快，则难挥发组分会大量地被带到精馏段，而不易为易挥发组分所置换，塔顶产品的质量不易达到合格，造成开车时间长。当塔顶有了回流液，塔板上建立了液体层后，升温速度可适当提高。减压精馏塔的升温速度，对于开车成功与否的影响更为显著。

88.精馏回流如何控制？

塔顶回流控制分两种情况：一是自动控制，二是手动控制（强制回流）。自动控制时，回流量受塔顶采出量的影响。当进料量不变时，要控制好塔顶采出量。若塔顶采出量增大，回流比减小，气液接触不好，塔顶产品的质量不合格。如果进料量加大，则要计算塔顶采出增加量，采出量过小，回流量增大，塔内物料增多，上升蒸气速度增大，塔顶与塔釜的压差增大，严重时会引起液泛；采出量过大，回流量减小，气液接触不好，塔顶产品的质量不合格。手动控制下，精馏塔正常操作时，只要塔顶产品质量没有大的变化，塔的回流量变化很小，甚至可以保持不变。

在实际操作中，回流量基本不受进料量的影响。要保持回流罐液位，不能出现满罐或抽空现象。

89.精馏操作中常用的回流方式有哪些？

按回流方式的不同，可以分为自然回流和强制回流。

自然回流是回流冷凝器安装于塔顶，回流液借重力的作用回流到塔内，冷凝器距塔顶回流口的高度不高。自然回流操作简单，不需要回流泵，节省动力消耗；但是回流量随塔压的变化而变化，回流比不严格，生产不正常时，调整起来较慢。自然回流一般用于小型精馏装置。

强制回流指回流液是用泵打入塔内进行回流的，强制回流的回流量稳定，容易调节，生产不正常时，调整起来较快；但是强制回流需要回流泵，动力消耗大，特别是对于低沸点物料，容易造成泵不上量，影响操作。

按照塔顶冷凝器安装的位置的不同，可分为内回流和外回流。精馏中的内回流一般指塔盘上的回流，是由下降液体及上升气体冷凝后产生的液体构成。外回流一般是指塔顶凝液抽出后再被打回到塔内，提供塔内的液相回流，以达到保持塔盘上介质的传热传质、分离和提纯组分的目的。

按回流液的温度可分为热回流和冷回流。回流液的温度处于泡点温度，称为热回流。回流液的温度低于泡点温度，称为冷回流。

在精馏操作中，把塔顶采出的冷凝液作为回流液全部返回塔顶的操作叫全回流。全回流是开车期间必要的过程，旨在保证产品尽快合格。而正常生产中就不能随意全回流了，除非工艺有波动，因为没有产品采出，精馏塔也就失去存在的意义了。

90. 内回流与外回流的区别是什么？

外回流：物料要离开塔顶经外部管道、流量计等之后，再回流到蒸馏塔内。内回流：物料不离开塔顶，在塔顶冷凝后直接回流到蒸馏塔内。外回流可计量、分流。内回流计量有难度，分馏与回流的比例不好精准确定。外回流是强制回流，塔顶气相冷凝后进入回流槽，通过回流泵并经过自调阀和流量计调整回流量，返回塔内。

内回流是自然回流，塔顶气相冷凝后直接回到塔内，操作时要注意采出量，防止产品不合格。可以说工业上95%甚至98%都采用外回流。原因是它可以自动而且“无级”调节回流量。它是由回流泵+流量调节（或再加另一参数的串级调节）从而满足生产，尤其是当加料量或组分有波动的情况时，可以自动调节回流量。内回流虽然少了回流泵，但要在冷凝器和塔顶之间安装一个回流分配器，一般要求有一转动或移动机构以分配回流比。需要知道驱动装置如电机等依靠电力的设施，是不宜封闭地装在塔内的，并且这种调节是“有级”的。这是一个非标设备，往往要出图。

91. 内回流和外回流应用时应注意什么？

①外回流对工艺流量及温度控制有利，但操作费用高，且没有利用液体的势能。如果塔顶冷凝器达不到冷凝要求，则可以增设强制的冷凝回流系统，从而实现精馏塔的强化操作。另外投资时还要比较操作费用和基础设施的投资费用的相对大小。

②如果回流液的计量要求不高，或者说回流比的操作弹性大，又或者能在内回流的路线上装上或开发出“在线流量测量仪器”，就可以采用内回流。

一般的精馏多为外回流。外回流优点是便于调节，但要增加运行费用，且增加了泄漏点，对于一些高危介质不一定适用，所以对于塔不是太高的高危介质优先考虑内回流，如氟化氢精馏就是选用内回流。总之，对于回流方式的选择要从多个方面综合考虑。

92.精馏塔回流的主要作用是什么？

①提供塔板上的冷回流，取走塔内多余的热量，维持塔内的热量平衡。

②提供塔板上的冷流体，气液两相在塔板上逆向接触，上行的气体中重组分冷凝，下行的液体中轻组分吸热汽化，反复的冷凝-汽化作用进一步增加产品分离的精度。

93.重沸器热量的波动对精馏有什么影响？

重沸器的加热量是影响塔内上升蒸气速度的主要因素，在釜温保持稳定的情况下，加热量增加，塔内上升蒸气速度增大，加热量减小，塔内上升蒸气速度减小。加热量的调节范围过大、过猛，有可能造成液泛或泄漏，甚至导致超温超压。

94.影响塔压差变化的原因有哪些？

塔压差的变化，主要是反映塔内的气体流速的变化，也就是塔内上升蒸气量的变化。塔压差增大，说明塔内的上升蒸气量增多；反之，则塔内的上升蒸气量减少。生产中塔压差比正常值增大时，有如下主要原因：

①进料量增大，使上升气相量增大。

②回流量增大。

③再沸器热源增加。

④釜液面过高，超过了塔压差计的正压管上限，使压差计的指示错误。

⑤物料不平衡，采出量过小。

操作中塔压差比正常减小时，有如下主要原因：

①进料量小，使上升气相量减少。

②采出量过大，塔内物料减少。

③塔釜上升气相量少。

操作中要准确地判断是哪种原因引起塔压差的变化，从而进行调节，利用压差来调节蒸气速度时，必须在允许范围内，否则将破坏塔的平衡状态。

95.浮阀塔在操作上有什么特点？

浮阀塔的最大特点是操作弹性大，这是因为浮阀的开启程度随着气体负荷的变化而变化，塔内各板上保持了良好的泡沫状态，使塔板能在较大的气体负荷范围内保持较高的效率，操作灵敏，生产不正常时恢复起来也较快。

96.塔高和塔径对产量、质量有什么影响？

对一般塔来说，空塔速度是有一定限制的。在一定的空塔速度下，塔内气流的体积流量越大，则需要的塔径越大，同理，塔径越大，则容许的塔内蒸气负荷越大，即生产能力越大。因此，塔径是影响生产能力的主要因素。

塔的高度，在板效率和板间距确定的前提下，取决于实际塔板数，而实际塔板数又是由最小理论塔板数决定的，最小理论塔板数越多，则实际塔板数越多，因此塔高主要影响产品纯度。塔径、塔高对生产的影响是辩证的，不可截然分开。例如增加塔高，可减小回流比，从而提高生产能力；而增加塔径，可增大回流比，达到降低塔高的目的。

97. 塔底采量的大小对精馏操作有什么影响？

塔底保持稳定的液面，是维持塔底温恒定的首要条件，塔底液面的变化，又主要取决于塔底采出量的大小。当塔底采出量过大时，液面会降低抽空，这将使通过再沸器的釜液循环量减小，从而导致传热不好，轻组分蒸发不出去，塔顶、塔底产品不合格；如果使用列管式再沸器，由于循环量过小，塔底液经过上半部列管时形成过热蒸气，表现为返塔的气体温度较高，而塔底温度较低。如果塔底采出量过小，将会造成塔底液面过高（严重时造成淹塔），增加了塔底液循环的阻力，同样造成传热不好，塔底温度下降。对于易聚合的物料，塔底液面过高或过低，都会造成停留时间延长，增加聚合的可能性。另外，维持一定的塔底液面还起着液封的作用，以确保安全。

98. 塔顶采出量的大小对精馏操作有什么影响？

精馏塔塔顶采出量的大小和该塔的进料量的大小有着相互对应的关系，进料量增大，采出量也应增大，否则将会破坏塔内的气液平衡。如果进料量未变而塔顶采出量增大，则回流比势必减小，引起各塔板上的回流液量减少，气液接触不好，传质效率下降，同时操作压力也将下降，各塔板上的液相组成发生变化，结果是重组分被带到塔顶，塔顶产品质量不合格，在强制回流的操作中还易造成回流罐抽空。如果进料量加大，而塔顶采出量不变，则其后果是回流比增大，塔内的物料增多，上升蒸气速度增大，塔顶、塔底压差增大，严重时引起液泛，在强制回流的操作中，则将造成回流罐满罐憋压，严重时可引起事故。

99.在精馏操作中出现液泛现象如何处理？

在精馏操作中出现液泛现象时，要分析产生液泛的原因，作出相应的处理。若是设备问题引起的，应停工检修；若是操作不当，釜温突然上升引起的，则应降低釜温，停止或减少进料量，使带到塔顶去的难挥发组分慢慢地流到塔釜。当生产不允许停止进料时，可将釜温控制在稍低于正常操作温度下，加大塔顶采出量，减小回流比，当塔压差降至正常值后，再将操作条件恢复正常。这种操作只能保证产品的数量，不能保证产品的质量。

100.在精馏操作中怎样调节塔的压差？

塔压差是衡量塔内气体负荷大小的主要因素，也是判断精馏操作的进料、出料是否均衡的重要指标之一，在操作中，要针对引起塔压差变化的原因相应地进行调节，常用的方法有三种：一是在进料不变的情况下，用塔顶的产品馏出量来调节塔压差。产品采出多，塔压下降；产品采出少，塔压上升。二是在采出量不变的情况下，用进料量来调节塔压差。进料量加大，塔压差上升；进料量减小，塔压差下降。三是在工艺指标许可的范围内，通过釜温的变化来调节塔压差。提高釜温，塔压差上升；降低釜温，塔压差下降。

101.为什么说塔压突然升高，塔底温度随之升高，而塔内上升蒸气的速度反而减小？

因为这种塔底温的升高是由塔底压力液泡点引起的，因而塔内的上升蒸气量不但不会增加，反而还会因压力的升高而减小。而且这种塔底温的升高是暂时的，因为此时塔底轻组分的蒸出不完全，将导致塔底液泡点下降，从而使塔底温度又随之下降。

102.进料状态对精馏操作有什么影响？

对于固定进料状况的某个塔来说，进料状况的改变，将会影响产品质量的改变，例如：当塔应为泡点进料而改为冷液进料时，则精馏段塔板数过多，提馏段塔板数不足，结果是塔顶产品质量可能提高，釜液中轻组分的蒸出则不完全。若改为气液混合进料或者饱和蒸气、过饱和蒸气进料，则精馏段的塔板数不足，提馏段的塔板数过多，其结果是塔顶产品中重组分浓度超过规定，釜液中轻组分含量比规定值低，同时增加了塔顶生产中冷剂的消耗量，减少了塔釜的热剂消耗。生产中多为泡点进料，此时，精馏段和提馏段上升蒸气的流量相等。

103.进料量的大小对精馏操作有什么影响？

①进料量波动范围不超过塔顶冷凝器和加热釜的负荷范围时，只要调节得当，对顶温和釜温不会有显著影响，而只影响塔内上升蒸气速度。

②进料量变动的范围超过了塔顶冷凝器和加热釜的负荷范围时，不仅影响塔内上升蒸气速度，而且会改变塔顶、塔釜温度，致使塔板上的气液平衡组成改变，直接影响塔顶产品的质量，造成塔釜损失。

总之，进料过大波动，将会破坏塔内正常的物料平衡和工艺条件，造成一系列的波动。因此，应平衡进料、细心调节。

104.精馏塔停车的一般步骤是什么？

①制订一个降负荷计划，逐步降低塔的负荷，相应地减小塔底加热器加入量和塔顶冷却器冷却量，直至完全停止。

②停止加料。

③排放塔中存液。

④实施塔的降压或升压，降温或升温，用惰性气体清扫或冲洗等，使塔接近常温或常压，准备打开人孔通大气，为检修做好准备。具体需做哪些准备工作，必须由塔的具体情况而定，因地制宜。

105.精馏塔停车分为哪几类？

分为临时停车和长期停车。

临时停车：按停车按钮后，马上停止塔的进料、塔顶采出和塔釜采出，进行全回流操作。适当地减少塔顶冷剂量及塔釜热剂量，全塔处于保温、保压的状态。

如果停车时间较短，可根据塔的具体情况处理，只停塔的进料，可不停塔顶采出（此时为产品），以免影响后续工序，但塔釜采出应关闭。这种操作破坏了正常的物料平衡，不可长时间应用，否则产品质量就会下降。

长期停车：按停车按钮后，立即停止塔的进料，产品可继续采出，当分析结果不合格时，可停止采出，同时停止塔釜加热和塔顶冷凝，然后放尽釜液。

对于分离低沸点物料的塔，釜液的放尽要缓慢地进行，以防止节流造成过低的温度使设备材质冷脆。放尽完毕后，把设备内的余压泄除，再用氮气置换，合格后才能进行检修。若设备内须进人检修，还需用空气置换氮气，在设备内气体中的氧含量达19%（体积分数）以上时，才允许检修人员进入。

106.精馏塔开车前应该做什么准备？

①检查水、电、气（空气、氮气）、汽（水蒸气）是否符合工艺要求。

②检查传动设备是否备以待用。

③检查设备、仪表、安全设施是否齐全好用。

④所有的阀门要处于关闭状态。

⑤水冷凝（冷却）器要通入少量的水预冷，加热釜要通少量的蒸气预热。

⑥设备内的氧含量应符合投料的要求。

⑦做好前后工段（或岗位）的联系工作，特别要联系好原料的来源供应及产品的储存、输送，通知分析室准备取样分析。

107.塔设备在停车时检查的重点项目有哪些？

①检查塔盘水平度，支承件、连接件的腐蚀、松动等情况，必要时取出塔外清洗或更换。

②检查塔体腐蚀、变形及各部位焊缝的情况，对塔壁、封头、进料口处筒体、出入口接管、压力引出口线、液位计引出线等处进行测厚，判断其受蚀情况。

③全面检查设备的附件，安全阀、压力表、温度计、液面计等接管有无堵塞，是否在规定的压力下动作，有无对其安全阀、压力表等进行校验。

④如在运行中发现异常振动现象，停车检查时一定要查明原因，妥善处理（如焦化接触冷却塔曾出现裙座螺栓松动的特殊情况）。

⑤对于介质较脏的塔（如焦化分馏塔）还需检查塔盘浮阀是否灵活，集油箱及塔底抽出线结焦情况等。

⑥除检查塔设备变形、裙座裂纹扩展、塔壁受腐蚀情况外，还需检查塔内壁挂焦情况，挂壁严重的话，需要将挂焦铲干净。

108. 装置停工吹扫后，要清理塔内杂质时，打开塔体人孔应从上往下，还是从下往上？为什么？

应从上往下开始拆。因为吹扫后有可能还有部分易燃易爆气体在塔内积聚，而且又往往积聚在塔内底部，如果先拆开下面人孔，空气进入后，可燃气体与空气混合成爆炸性气体，遇火星即会爆炸。

反之，从上往下拆，每拆一个，就形成一个空气对流段，塔内的易燃易爆气体随空气对流到塔外，难以达到爆炸浓度极限，故从上往下拆比较安全。

109. 简述各类塔板的性能比较

各类塔板的性能比较如表2-1所示。

表2-1　塔板性能比较

塔板类型	相对产能	相对板效率	操作范围	压降	结构	相对成本
泡罩板	1.0	1.0	10~100	高	复杂	1.0
筛板	1.2~1.4	1.1	35~100	低	简单	0.4~0.5
浮阀板	1.2~1.3	1.1~1.2	10~100	中	一般	0.7~0.8
舌型板	1.3~1.5	1.1	50~100	低	最简单	0.5~0.6
斜孔板	1.5~1.8	1.1	30~100	低	简单	0.5

110. 简述各类塔板的优缺点及适用范围

各类塔板的优缺点及适用范围比较如表2-2所示。

表 2-2 塔板优缺点及适用范围比较

塔板类型	优点	缺点	适用范围
泡罩板	较成熟，操作范围宽	结构复杂，阻力大，生产能力低	某些要求弹性好的特殊塔
浮阀板	操作范围宽	采用不锈钢，浮阀易脱落	分离要求高，负荷变化大的塔
筛板	效率高，成本低	安装要求水平，易堵，操作范围窄	分离要求高，塔板较多的塔
舌型板	结构简单，生产能力大	操作范围窄，效率较低	分离要求较低的闪蒸塔
斜孔板	生产能力大，效率高	操作范围比浮阀板和泡罩板窄	分离要求高，生产能力大的塔

111. 简述板式塔与填料塔的比较

板式塔与填料塔的比较如表2-3所示。

表 2-3 板式塔与填料塔对比

参数	板式塔	填料塔
压降	较大	小尺寸填料较大，大尺寸填料及规整填料较小
空塔气速	较大	小尺寸填料较小，大尺寸填料及规整填料较大
塔效率	较稳定，效率较高	传统填料低，新型乱堆及规整填料高
持液量	较大	较小
液气比	适用范围较大	对流量有一定要求
安装检修	较容易	较难
材质	常用金属材料	金属及非金属材料均可
造价	大直径时较低	新型填料投资较大

第三章　塔设备的设计制造与安装

1.塔器在设计时应考虑哪些载荷？

①压力载荷。

a.设计压力；

b.液柱静压力（当液柱静压力小于 5%设计压力时可忽略不计）；

c.试验压力。

②重力载荷。

a.塔器空重：包括塔器壳体（圆筒和封头）、裙座和附件（如接管、管嘴、人孔、法兰、支承圈、支座和不可拆的内件等）的重力载荷；

b.可拆卸内件重力载荷：如填料（或催化剂）、可拆塔盘板、除沫器、催化剂等的重力载荷；

c.物料的重力载荷：正常工作状态下物料的最大重量，对于固体物料（颗粒料或粉料），应按堆积密度计算重力载荷；

d.试压（或试漏）液体的重力载荷；

e.隔热材料重力载荷：如保温（保冷）层及其支承件的重力载荷；

f.其他附件的重力载荷：如与塔器直接连接的钢平台、扶梯、工艺配管及管架等附件的重力载荷。

注：钢平台、扶梯及塔盘的重力载荷应根据工程设计的具体资料确定，当无确切资料时可参照《塔式容器》(NB/T 47041—2014)进行估算；当要求设置塔整体吊装用的吊耳时，应考虑塔吊耳处壳体承受的外载荷。

③风载荷和地震载荷。

④偏心载荷。

⑤管道外载荷(管道推力和力矩)。

⑥由塔外部附件(如管架、支座或其他悬挂在塔器上的设备)引起的外载荷。

⑦由热膨胀量或线胀系数的不同引起的作用力。

2.塔设备的相关载荷种类对强度的影响分别是什么？

①压力载荷：内压塔操作时或水压试验时，塔体横截面均产生轴向拉应力；减压塔操作时塔体横截面均产生轴向压应力。

②质量载荷：对塔体及裙座的横截面均产生压应力，随横截面位置下移而增大。

③风载荷：水平风力使塔产生弯矩，导致塔的横截面迎风侧产生拉应力，背风侧产生压应力。风载荷随着标高的增高而升高，而截面的弯矩和应力随截面位置下移而增大。

④地震载荷：水平地震力对塔破坏较为严重，对塔体产生弯矩，使塔体横截面的一侧产生拉应力，另一侧产生压应力。

⑤偏心载荷：对塔体产生弯矩，使塔体的横截面一侧产生拉应力，另一侧产生压应力。

3.塔的布置应考虑哪些情况？

一般塔与其进料加热器、重沸器、冷凝冷却器、回流罐、塔底抽出泵等构成一组，应考虑塔与它们之间的关系并尽可能靠近布置。布置时应考虑下列情况：

①要考虑塔的安装位置和安装方法。

②要考虑装配塔内件（塔盘等）进出的空间。

③布置两个或多个塔时，中心线应布置在一条直线上并与管桥平行。

④两塔之间净距不宜小于2.5m，以便敷设管道和设置平台。

⑤对于长径比大的塔，自身支撑难度比较大或不可能的，可以考虑在构架内或者沿构架布置，由构架来进行支撑。没有构架的地方，应取塔中支撑。

⑥一些直径较小的塔往往有锥形裙座，此时应考虑直径较小塔的自身支撑空间。

4.在确定塔安装高度时应考虑哪些因素？

①裙座尽可能低，这对投资是有利的。

②塔底管道与泵相连接的，塔的裙座高度应满足其塔底泵的汽蚀余量的要求。

③带有非明火加热的重沸器的塔，塔的安装高度应满足塔最低液位到重沸器之间最低净液柱的高度要求。

④对于成组布置采用联合平台的塔，为了联合塔平台各层高度取齐或者高差不至于过大，一般会抬高某个塔的裙座。

⑤塔的安装高度还应满足底部管道进出管桥侧梁的要求，其基础面一般宜高出地面0.2m。

5.简述塔体接管开口布置原则

在塔体上开口时，结合塔的内部结构和整个设备的总体布置，在满足工艺要求的同时也要便于操作和检修，还应充分考虑与塔嘴子连接的管道和塔的外观。通常可将塔四周大致划分为管道敷设所需的“管道侧”及操作和检修所需的“操作侧”，但有时很难将上述两侧严格分清。塔体开口方位一般布置如下：

①塔顶安全阀口、气相馏出线、放空口等一般布置在塔顶封头上。

②塔的回流口：开口方位一般与塔板溢流方式及回流管内部结构等有关。

③进料开口：气液混相进料开口一般布置在塔板上方并设分配器，当流速较高时应切线进入，并设螺旋导板；气相进料开口一般布置在塔板上方，与降液管平行，当气体流速较高时，应设分配器。

④侧线产品抽出口：应布置在降液管下方的弓形范围内，一般宜设抽出斗。

⑤重沸器油气返回口：应设在与塔受液槽平行的塔中心线上。

⑥塔的人孔要避开液管或受液槽区域，一般应设在塔板上方的鼓泡区。考虑到美观性、操作性及进出塔内的安全性、方便性，塔的人孔中心距平台面最适宜高度为1m，且一般应尽量布置在操作区的同一角度上，并且不要离塔顶吊柱太远，以便吊装塔内件。

⑦为了方便观测、操作及检修等，液位控制计、液位计、液位开关等装置常位于梯子附近、塔平台内或局部平台端部，且不得把液位计接口布置在进料口对面60°角范围内，除非进料口有内挡板保护。如果没有特别说明，则温度计测量液相温度、压力表测量气相压力，且开口一般≤0.1m测量

的为液相、>0.1m测量的为气相。

6.简述敷塔管道的排列要求

管道敷设应满足工艺PID的要求，每一根管道都应沿塔敷设，要求整齐美观，布置合理；考虑可操作性和安全性，每一条管道都应尽可能短；充分考虑热应力的影响，应沿管道侧的塔外壁呈同心圆，从塔顶顺序敷设到塔底；应首先考虑塔顶管道和大口径管道，然后考虑塔底管道和小口径管道的布置。

沿塔敷设的管道应设置承重支架和导向支架，管道的最大导向支架间距应符合SH 3012—2011《石油化工金属管道布置设计规范》第13.1.15条的规定，承重支架应设置在靠近设备管口处，以减少管口受力。

7.简述平台梯子的设置要求

塔的平台主要用于开关阀门、采样、测量仪表、装卸塔内件、进入人孔检修等。针对上述用途，在以下地方应考虑设置平台：需要热紧螺栓的地方；装卸安全阀、检验弹簧、检测管线壁厚等的位置；有人孔和手孔的地方；双塔、三塔或者多塔联合的，应考虑做联合塔平台，以方便操作和同行。

底层平台距地面高度不应小于3m，相邻两层塔平台的层高不能超过7m；相邻两层平台间净距不小于2.1m；一般平台宽度为1m，有人孔的平台宽1.5m，各种通道净宽度不小于0.6m。梯子通常应设在检修侧，直梯高度距地面或平台超过2m应加护笼。长度等于或者大于8m的平台应在两个方向设梯子。

8.简述塔设备安全设计要求

①加强塔设备密封系统：对不断散发有毒气体、可燃的

酸雾、粉尘等的生产系统，塔设备应当设计成密闭的，还要加强除尘、除雾的设施。低沸点有毒液体、可燃液体通过与空气中的水、氧气发生氧化反应变质时要采用惰性气体进行密封，并且要在保证惰性气体系统安全条件下。工作人员应当对具有腐蚀性的介质，采取恰当的防止腐蚀的措施。

②仪表和自动控制实行安全设计：塔设备的仪表和自动控制有分析仪表、现场危险区域的仪表、控制器、有害气体浓度监测仪表、仪表线缆等，其都应设置警报装置，以便工作人员在最短的时间内做出反应，采取措施来保护公共财产。

③加强装置的布置与设计：建构筑物、通道布置和设备都属于装置布置范围，时刻要确保塔设备在加工生产过程中的顺利进行，规范符合安全的间距，操作要便于维修和消防作业，方便人员的疏散。设备与建筑物间的防火间距要完全符合GB 50160的规定；设备布置应当符合工艺对设备布置的要求，如设备间位差、泵灌注头；避免引燃源，即避免在危险的释放源与明火加热设备邻近布置。

9.塔的安装精度对精馏操作有何影响?

对于新建和改建的塔希望能满足分离能力高、生产能力大、操作稳定等要求。为此对于安装质量有以下要求。

塔身：塔身要求垂直。倾斜度不得超过1‰，否则会在塔板上造成死区，使塔的精馏效率降低。

塔板：塔板要求水平，水平度不能超过±2mm，否则会造成板面上的液层高度不均匀，使塔内上升的气相易从液层高度小的区域穿过，从而气液两相在塔板上不能达到预期的传热和传质要求，塔板效率降低。筛板塔尤要注意塔板的水平要求。对于舌型塔板、浮动喷射塔板、斜孔塔板等还需注意塔板的安装位置，保持开口方向与该层塔板上的液体流动方向一致。

溢流口：溢流口与下层塔板的距离应根据生产能力和下层塔板溢流堰的高度而定，但必须满足溢流堰板能插入下层受液盘的液体之中，以保持上层液相下流时有足够的通道和封住下层上升的蒸气必需的液封，避免气相走短路。另外，泪孔是否畅通，受液槽、集油箱、升气管等部件的安装、检修情况都是需要注意的。

对于各种不同的塔板有不同的安装要求，只有按要求安装才能保证塔的生产效率。

10. 塔的裙座高度是如何确定的？

塔的裙座高度主要是保证塔底产品抽出口与泵的进口管线的高度差大于塔底泵的汽蚀余量，避免塔底泵因发生汽蚀作用而损坏。

11. 塔设备制造圆度许用值是多少？

塔设备制造圆度许用值如表3-1所示。

表3-1 塔设备制造圆度许用值 mm

塔体直径 DN	$500<DN\leqslant1000$	$1000<DN\leqslant2000$	$2000<DN\leqslant4000$	$DN>4000$
圆度允许偏差	±5	±10	±15	±20

12. 为什么测量塔盘水平度应在阴天或早晚太阳未直射塔体时进行？

通常塔体高度在数十米，设备受阳光照射，受光面与背光面材料膨胀情况不一样，有塔体直线度误差的产生，容易使塔盘水平度的允许误差值背离标准值。

13.导致塔设备制造偏差的因素有哪些？

塔设备制造有偏差控制要求，具体如图3-1、表3-2所示。

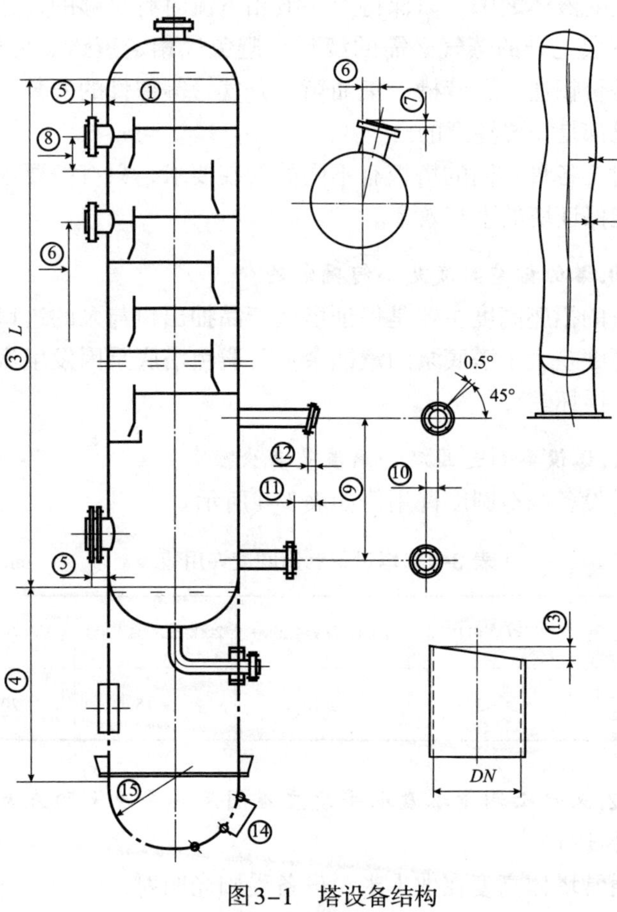

图3-1　塔设备结构

表 3-2 塔设备制造偏差

代号	检验项目		允许偏差
①	筒体圆度		按照标准 GB 150 系列相关规定
			其他塔型按 GB/T 150 中的有关章节规定
②	筒体直线度		任意 3m 长度的筒体直线度偏差≤3mm
			筒体长度 L≤30m 时，偏差≤L/1000mm
			筒体长度 L>30m 时，偏差≤0.5L/1000mm+15mm
③	上下两封头焊缝之间的距离偏差		± 1.3mm/m，且当 L<30m 时，不超过 ± 20mm;L>30m 时，不超过 ± 40mm
④	基础环底面至塔釜封头与塔壳连接焊缝的距离		± 2.5mm，且不超过 ± 6mm
⑤	接管法兰面至塔体外壁距离		± 2.5mm（人孔为 ± 6mm）
⑥	设备开口中心标高及周向位置偏差	接管	± 5mm
		人孔	± 10mm
		液面计接口	± 3mm
⑦	与外部管线连接的法兰面垂直度或平行度公差		DN≤200mm 时，为 ± 1.5mm；DN>200mm 时，为 ± 2.5mm
⑧	接管中心线到塔盘面的距离		± 3mm（人孔为 ± 6mm）
⑨	液面计对应接口间的距离		± 1.5mm
⑩	液面计对应接口周向位置公差		± 1.5mm
⑪	液面计对应接管外伸长度差		≤1.5mm
⑫	液面计法兰面垂直度公差		≤法兰外径的 0.5%
⑬	塔壳分段处端面平行度偏差		DN/1000mm，且不大于 2mm
⑭	地脚螺栓孔中心圆直径允许偏差		± 3mm
⑮	相邻或任意两地脚螺栓孔弦长允许偏差		± 3mm

注：L为全长，DN为塔体直径。

14.板式塔安装中密封垫的作用是什么?

防止生产过程中气液相短路，造成偏流，并最终降低塔的分离效果。

15.塔内件工程安装质量保证项目与基本项目内容有哪些?

板式塔和填料塔的内件，包括塔体内部支承件和筛板、浮阀、舌型浮动喷射、圆型泡罩、条型泡罩、S型泡罩等型式，塔盘安装和在填料塔内充填填料的工程质量检验保证项目主要内容如下：

①支承件、塔盘及其附件、填料必须符合设计规定，有质量证明文件。检验方法，检查质量证明文件。

②具有完整的施工记录。检验方法，检查施工记录。

基本项目主要内容如下：

塔盘的安装质量应符合以下规定。

合格：塔盘的安装符合图样要求，螺栓紧固，无明显凹凸变形。

优良：塔盘、卡子、密封垫片安装位置准确，塔盘搭接均匀。

检验方法：观察检查。

检查数量：全面检查。

16.塔盘气液分布元件安装质量有何要求?

①浮阀、浮舌。

合格：浮阀或浮舌齐全，无脱落。

优良：浮阀或浮舌上下活动灵活且开度一致。

检验方法：观察检查及用手拖动检查。

②筛板、舌型塔板。

合格：筛板表面较平整，无明显凹凸变形，舌型塔板舌片方向符合图样规定。

优良：筛板或舌型塔板表面平整。

检验方法：观察检查。

③浮动喷射塔板。

合格：浮动板齐全，无脱落。

优良：浮动板转动灵活，开度一致，闭合严密。

检验方法：观察检查和用手转动检查。

④圆型泡罩、条型泡罩和S型泡罩。

合格：泡罩及紧固件齐全，安装符合图样要求。

优良：同一层的泡罩位置调整在同一水平面上并紧固均匀。

检验方法：观察检查。

检查数量：全面检查。

17.填料塔安装质量有何技术要求？

合格：填料应清洗干净，排列方式、高度和充填的体积符合设计要求。丝网波纹填料的波纹方向符合规范规定，分块装填时每块均固定夹紧。

优良：规整填料按规定排列整齐，乱堆的颗粒填料松紧度适当，表面层平整，丝网波纹填料填充整齐，紧靠塔壁无间隙。

检验方法：观察检查。

检查数量：全面检查。

18.塔盘安装及填料填充完毕后的清理质量有何要求？

合格：塔内经清理无遗留工具、紧固零件及杂物。

优良：塔壁、塔盘、塔底的表面清洁，无积垢。

检验方法：观察检查

检查数量：全面检查。

19. 简述塔内部支承件安装的允许偏差与检验方法

塔内部支承件安装的允许偏差与检验方法如表3－3所示。

表3–3　塔内部支承件安装的允许偏差与检验方法

<table>
<tr><th>项次</th><th colspan="3">项目</th><th>允许偏差</th><th>检验方法</th></tr>
<tr><td rowspan="5">1</td><td rowspan="5">支撑圈和支撑梁水平度</td><td colspan="2">$D \leqslant 1600$mm</td><td>3mm</td><td rowspan="5">用玻璃管水平仪检查</td></tr>
<tr><td colspan="2">1600mm<$D \leqslant 4000$mm</td><td>5mm</td></tr>
<tr><td colspan="2">4000mm<$D \leqslant 6000$mm</td><td>6mm</td></tr>
<tr><td colspan="2">6000mm<$D \leqslant 8000$mm</td><td>8mm</td></tr>
<tr><td colspan="2">8000mm<$D \leqslant 10000$mm</td><td>10mm</td></tr>
<tr><td rowspan="3">2</td><td rowspan="3">支撑梁</td><td rowspan="2">平面度</td><td>300mm 范围内</td><td>1mm</td><td>用 300mm 长直尺检查</td></tr>
<tr><td>全长范围内</td><td>L/1000mm，且不大于 5mm</td><td>拉线检查</td></tr>
<tr><td colspan="2">中心线位置</td><td>2mm</td><td>用钢卷尺检查</td></tr>
<tr><td rowspan="2">3</td><td rowspan="2">支撑圈检查</td><td colspan="2">相邻两层之间</td><td>3mm</td><td rowspan="2">拉线或用钢卷尺检查</td></tr>
<tr><td colspan="2">20 层中任意两层之间</td><td>10mm</td></tr>
<tr><td>4</td><td colspan="3">填料支撑结构件水平度</td><td>2D/1000mm，且不大于 4mm</td><td>用玻璃管水平仪检查</td></tr>
</table>

注：L为塔设备全长，D为塔内径。检查数量：全部检查。

20. 简述塔盘安装尺寸的允许偏差与检验方法

塔盘安装水平度尺寸的允许偏差与检验方法如表3–4所示。

表3–4　塔盘安装水平度尺寸允许偏差与检验方法

<table>
<tr><th>项次</th><th colspan="2">项目</th><th>允许偏差</th><th>检验方法</th></tr>
<tr><td rowspan="2">1</td><td>塔盘</td><td rowspan="2">300mm 范围内水平度</td><td rowspan="2">2mm</td><td rowspan="2">用钢卷尺检查</td></tr>
<tr><td>受液盘</td></tr>
</table>

续表

项次	项目			允许偏差	检验方法
2	塔盘上表面水平度		$D\leq1600$mm	4mm	用玻璃管水平仪检查
			1600mm$<D\leq4000$mm	6mm	
			4000mm$<D\leq6000$mm	9mm	
			6000mm$<D\leq8000$mm	12mm	
			8000mm$<D\leq10000$mm	15mm	
3	降液板	底部与受液盘上表面距离		−3~3mm	用钢卷尺检查
		立边与受液盘立边的距离		−3~5mm	
4	溢流堰	堰高	$D\leq3000$mm	−1.5~1.5mm	用玻璃管水平仪检查
			$D>3000$mm	−3~3mm	
		上表面水平度	$D\leq1500$mm	3mm	用钢卷尺检查
			$D>1500$mm	4.5mm	
5	浮动喷射塔盘	梯形孔底面水平度		2D/1000mm	拉线检查
		托板、浮动板水平度		1mm	
6	圆型、条型泡罩	与升气管同心度		3mm	用钢卷尺检查
		齿根到塔板上表面距离		1.5mm	

注：D为塔内径。检查数量：全部检查。

21. 简述填料塔内件安装的允许偏差与检验方法

填料塔内件安装的允许偏差与检验方法如表3–5所示。

表3–5　填料塔内件安装的允许偏差与检验方法

项次	项目	允许偏差	检验方法
1	丝网波纹填料波纹片的波纹方向与塔轴线的夹角	5°	用粉线拉出轴线后用角度尺检查
2	液体分布装置的溢流支管开口下缘水平偏差	2mm	用粉线拉出水平线后用钢尺检查

注：检查数量：全部检查。

22.塔设备检修时的安全措施有哪些？

①塔和容器等设备用蒸气吹扫后，还需装水冷却、冲洗，才允许从上至下拆卸人孔盖，严禁高温或从下至上拆人孔，以防自燃或烫伤。

②吹扫完毕，蒸气线要打盲板。

③塔容器吹扫干净后，还必须采样分析合格，或经明火试验样品含量合格，方可允许进入内部作业。

④塔容器如需安照明灯，应采用胶皮软线（不得破损），低压行灯，以防触电。

⑤有人进入设备内部检修时，设备外必须有一人以上进行监护，不允许一人钻入设备。

⑥封人孔前，必须查明里边有无遗留物，底部抽出口有无问题，有无杂物及工作人员，特别是带有塔盘的设备人孔，证明无人后方可封人孔。

23.塔设备检修时的主要检查内容有哪些？

塔体检查：

①检查各附件（压力表、放空阀、温度计等）是否灵活、准确。

②检查塔体腐蚀、变形、壁厚减薄、裂纹及各部焊接情况，进行超声波测厚和理化鉴定，并作详细记录，以备研究改进和用作下次检修的依据。

③检查塔内污垢和内部绝缘材料。

塔内部的检查：

①检查塔板各部件的结焦、污垢、堵塞情况，塔板、鼓泡构件的支承结构的腐蚀及变形情况。

②检查塔板上各部件的尺寸是否符合图纸及标准。

③对于浮阀塔板应检查其浮阀的灵活性，是否有卡死、变形、冲蚀等现象，浮阀孔是否堵塞。

④检查各种塔板、鼓泡构件等的坚固情况，是否有松动现象。

⑤检查各部连接管线是否变形，连接处的密封是否可靠。

第四章 炼化装置塔设备

第一节 常减压装置塔设备知识

1.常减压蒸馏装置蒸馏塔板主要有哪几种？它们有何优缺点？适用范围如何？

国内常减压蒸馏装置常使用浮阀、筛板、圆型泡帽、槽型、舌型、浮舌、浮动喷射、网孔、斜孔等型式的塔板。几种常用塔板的优缺点及适用范围如表4-1所示。

表4-1 各种塔板的优缺点及适用范围

塔板类型	优点	缺点	适用范围
圆型泡帽	较成熟，操作范围宽	结构复杂，阻力大，生产能力低	某些要求弹性好的特殊塔
浮阀板	效率高，操作范围宽	需要不锈钢，浮阀容易脱落	分馏要求高，负荷变化大，如原油常压分馏塔
筛板	效率较高，成本低	安装要求水平，易堵塞	分离要求高，塔板数较多，如化工的丙烯塔
舌型板（固）	结构简单，生产能力大	操作范围窄，效率低	分离要求低的闪蒸塔
浮动喷射板	压降小，生产能力大	浮板易脱落，效率较低	分离要求较低的原油减压分馏塔
网孔板	压降小，生产能力大，效率较高	操作范围较窄	较多用于润滑油型减压塔

在常压蒸馏的条件下采用浮阀、筛板塔比较合适。减压塔要求其塔阻力降越小越好，一般多采用网孔板或浮喷板。石油蒸馏塔的汽提段杂质含量多，而且在高温的条件下容易聚合生焦，采用圆型泡帽、槽型或大孔筛板较为妥当。几种常用塔板各方面性能的比较如表4-2所示。

表4-2　几种常用塔板性能比较

项目		圆型泡帽	筛板	V型浮阀板	浮动喷射板	舌型板（固）	网孔板
液体和气体负荷	高	2	4	4	4	4	4
	低	3	2	5	3	3	3
稳定操作范围		4	3	5	4	3	3
压力降		0	3	2	4	2	4
液沫夹带量		1	3	3	3	4	3
塔板间距		3	4	4	4	4	4
分离效率		4	4	5	3	3	4
设备单位体积的产量		2	4	4	4	4	4
制造费用		2	4	3	3	4	4
材料消耗		2	4	4	4	5	4
安装和拆卸		1	4	4	3	4	3
检查清洗及检修		2	3	3	3	3	3
处理脏污物料		1	1	2	3	2	2
液体在塔板上的滞留		0	3	3	5	5	5
开工和停工操作		4	2	4	4	3	3

符号说明：0—不合适；1—尚可；2—合适；3—较满意；4—好；5—很好。

2.不同类型的塔板气液传质原理有何区别?

在小型低速的分馏塔内会出现鼓泡和蜂窝状的接触情况。原油蒸馏过程中气速一般比较大，常压蒸馏采用浮阀或筛孔塔板，以泡沫接触为主的方式进行传热、传质。减压蒸馏的气体流速特别高、通常采用网孔或浮喷塔板，以喷射接触的方式进行传热和传质。经高速气流冲击所形成液滴的流速也很大，为避免大量雾沫夹带影响传质效果，塔板上均装设有挡沫板。

3.在蒸馏过程中经常使用哪些种类的填料?如何评价填料的性能?

填料是最早在蒸馏塔内用来进行传热、传质的核心部件，由于炼厂蒸馏塔处理能力不断增大，填料塔在当时未能很好地解决气液分布的技术关键问题，而被板式蒸馏塔取代。由于填料塔有阻力降，可以根据介质具体情况选择合适的材料制作填料，较容易解决塔内腐蚀，因而受到工程界的重视。20世纪70年代以来由于较好地解决了液体在塔内均匀分配的技术关键，炼厂蒸馏塔尤其是减压蒸馏塔相继出现由填料取代塔板的发展趋势。国内炼厂首先在减压塔上部缩径部位用金属填料取代了塔板，进一步出现了全填料干式减压蒸馏塔，有利于提高我国炼油工业的生产技术水平。

填料按填装特点的不同分为规整填料和乱堆填料。乱堆填料是指颗粒填料乱堆于塔中，常用颗粒填料有：拉西环(Rashching Ring)、鲍尔环(Pall Ring)、矩鞍(译为英特洛克斯填料)(Intalox Saddle)，在1977年底美国诺顿公司(Norton)开发的金属环矩鞍(Intalox Metal)尤其受到炼油、化工界人士重视，近年来我国炼厂减压塔的填料较多都采用英特洛克斯填料。在塔内整齐堆砌的规整填料具有大通量、低压降、高效率的优点，愈来愈引起人们的注意，在大型蒸馏塔中格里希（Glitsch）格栅型填料、孔板波纹填料、丝网波纹填料已得到广泛的应用。

填料的主要性能有以下3种：

①比表面积（m^2/m^3）：单位体积的填料堆集空间中，填料所具有的表面积总和。比表面积越大，对传热、传质越有利。

②空隙率（%）：指填料外的空间与堆积体积的百分比，空隙率越高，阻力降越小。英特洛克斯填料的空隙率为97%~98%。

③当量理论板高度：指相当一块理论塔板分离能力所需要填料层的高度。当量理论板高度越小分离效能越高，炼厂常用50mm英特洛克斯填料的当量理论板高度为560~740mm。填料尺寸越大，则其当量理论板高度越高。

4.板式塔的溢流有哪些不同的型式？适用于什么场合？

板式塔溢流设施的型式有多种，为适应塔内气液相负荷变化及传热、传质方式以及塔径大小等不同因素，进而保证提供最佳的分离效果，对于液体在塔板上呈连续相、气体呈分散相的情况，液体从进口堰往出口堰方向流动。为保证流动顺利进行，塔板上必然存在着液面的落差，即进口堰附近的液面比出口堰附近的液面高。液面落差的大小与液体流量、塔径以及液体黏度等因素有关，如果液流量加大、液体黏度加大，或在塔板上液体流程增大都会导致落差加大。液面落差太大时会使进口堰附近的气体流量急剧减少，漏液严重，大量气体在出口堰一侧穿过液层、流速加大会导致雾沫夹带增加。这些因素都会使塔板的分离效率下降。为了合理地进行塔板结构的设计，有4种不同的溢流方式供选择：

①U形流：对直径在0.6~1.8m的小型蒸馏塔，而且塔内液体流量很小，在5~12m^3/h以下，塔板上的进、出口堰在同侧相邻布置，液体在板上从入口经U形流动在出口溢流。

②单溢流：适用于液体量在120m^3/h以下，塔径≤2.4m的蒸馏塔，进口堰和出口堰对称地设置在塔的两侧。液体沿直径方向一次流过塔板。

③双溢流：对于液流量较大（90~280m^3/h），塔径在1.8~6.4m的塔，为了避免在塔板上液面落差过大而采用双溢流的塔板结构形式。双溢流的蒸馏塔是由两种结构形式的塔板依次交替组合起来的。一种是进口堰在塔的两侧、出口堰在塔的中部，液体由两侧向中间流动经出口堰流往下一层塔板。另一种是进口堰在塔的中部，出口堰在塔的两侧，流体由塔板当中往两侧流动。

④阶梯式流：对于液流量在200~440m^3/h，塔径在3.0~6.4m的塔，为避免液面落差过大，板面设计成阶梯式，自进口往出口方向逐渐降低，每一阶梯上都有相应的出口堰以保证每一小块塔面上液层厚度大致相同，从而使各部分的气流比较均匀。

炼厂常减压蒸馏装置中绝大多数塔采用的是单溢流和双溢流两种溢流方式。

对于喷射接触板上液体呈分散相的网孔、浮喷塔板，由于板上没有液层存在，故而不存在液面落差的问题。这样的塔直径高达6.4m，采用单溢流的塔板结构仍然可以得到较好的分离效果。

塔板上液体流动的各种方式如图4-1所示。

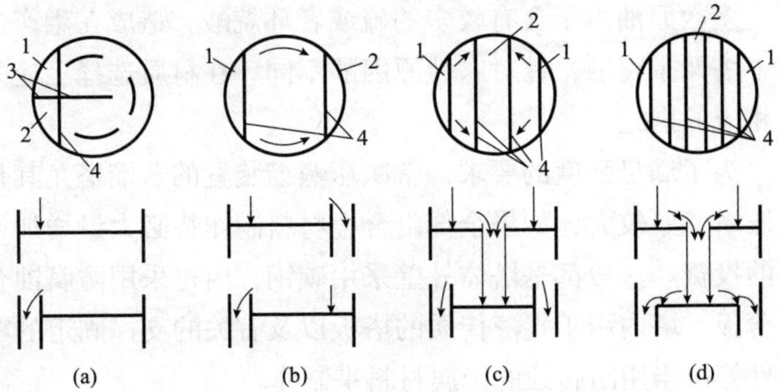

1—进口降液管；2—出口降液管；3—挡板；4—堰

图4-1 液体流动示意

5.减压塔为什么设计为两端细中间粗的型式？

减压塔上部由于气液相负荷都比较小，故而相应的塔径也小。减压塔底由于温度较高，塔底产品停留时间太长容易发生裂解、缩合结焦等化学反应，影响产品质量，而且对长期安全运转不利。为了减少塔底产品的停留时间，塔的汽提段也采用较小的塔径。绝大多数减压塔下部的汽提段和上部缩径部分的直径相同，有利于塔的制造和安装。减压塔的中部由于气液相负荷都较大，相应选择了较大的直径，故而构成了减压塔两端细、中间粗的型式。

6.在选择蒸馏塔体及其内部主要部件材质时，应该注意哪些问题？

蒸馏装置的塔器从其操作温度来看不算太高，通常不会超过400℃，从耐温的要求来考虑，一般的低碳钢均满足其要求，对低含硫、低酸值的原油如大庆原油一般采用Q235或20#锅炉钢作为塔体或塔内主要部件的材料。

多数原油由于含有较多的硫或者环烷酸，造成在生产过程中塔严重腐蚀，针对腐蚀原因的不同，在材质选择上应采取相应的措施。

为了满足强度的要求，常减压蒸馏装置的蒸馏塔尤其是减压塔壁厚较大，如果全部由合金材料制作势必大量增加设备的投资。一般都是塔体外壁采用碳钢，内衬采用防腐蚀合金薄板。塔内用于气液传质的塔板以及有关的支撑固定的零部件等应当用防腐蚀的金属材料来制作。

塔壁内衬常用0Cr13或1Cr13薄板，近年来在解决高温硫腐蚀及环烷酸腐蚀时不少工厂应用A_3F钢渗铝的方法来提高塔盘耐蚀力，也取得了较好的效果。浮阀塔板上使用的浮阀在原油腐蚀性很弱的情况下可以用A_3F钢，在有较强腐蚀的情况下应采用1Cr13材质来制造浮阀。

做好常减压蒸馏装置的防腐蚀工作一方面要在塔设备材质的选择方面给予重视，另一方面要加强装置深度脱盐，避免或减少氯化氢气体的生成，在处理环烷酸含量很高的原油时采用注碱是减轻腐蚀速率的重要工艺措施。

7.如何确定填料塔的填料层高度？

塔的填料层高度严格来讲应该保证传质和传热两个方面的要求。从传质的角度来看，要完成一定的分离任务，塔内就应该保证具有一定理论塔板数的分离能力，对于某一型号的填料当量理论板高度也是一定的，相应地，可以确定其填料层高度，但是国内炼油设计目前没有开展求取各段理论塔板数的工作，因此很难从传质角度来确定填料层高度。在塔的设计过程中每一个填料段都要进行严格的热量衡算，从而确定通过填料表面的传热量，选取一定的传热系数，再依据该段气液相的平均温差很容易确定提供传热应用的填料表面积和填料总体积。塔径是参照泛点气速确定的，在塔径一定的前提下每段填料层高度相应也可以定下来。

为了防止填料层过高之后液体在塔内分布不均匀影响传热、传质的效果，大型石油蒸馏塔每段填料层高度一般不超过5.5m，如果需要的填料层过高，可把其分为若干段并在中间加设液体再分布器。

8.在减压塔内如何合理地使用破沫网？

减压塔从汽化段到最下抽出侧线之间设置了塔板或填料，其目的是降低最下抽出侧线馏分油的残炭和重金属含量，这一段一般称为洗涤段。为保证馏出油的质量，在洗涤段的上方还设有破沫网，以除去气流中夹带的液滴。破沫网的操作状态有湿态和干态两种。湿态操作的破沫网上淋洒着冲洗油，冲洗油一般是从最下抽出侧线抽出然后部分返回塔内的油品，其喷淋密度在550kg/m^3左右。湿态操作的破沫网洗涤效果好，但缺点主要是阻力降大，胜利炼厂停止了破沫网上喷淋液体，也就是从湿态转为干态操作，破沫网压降由原来的3.52kPa减至0.53~0.67kPa。干态的破沫网主要依靠气体中的液滴冲击在金属丝上后随之附着流至两根金属丝的接触处，当聚集到一定的体积后，液滴自行下落达到破沫的目的。

在塔内破沫网多半采用分块砌装，原先多采用平丝网，效果不够理想。后来常减压装置把丝网压成波纹状重叠安装。这种破沫网分离效果好而且阻力降小，压降在0.133kPa以下。当丝网厚度在100~150mm，气速在1~3m/s时，对直径大于5μm的液滴其分离效率可达99%。

由于丝网长期处于高速气流冲刷之下，故其材质的选择十分重要。某些装置处理酸值及含硫量较高的原油，即使采用不锈钢丝网，在停工检修时仍发现这些破沫网已变脆甚至已经破碎了，一些炼厂正在开展用渗铝的钢材来代替不锈钢以解决腐蚀的试验。

9.石油蒸馏塔的转油线在流速选择、管线安装等方面应注意哪些问题？

转油线是指从炉出口到石油蒸馏塔入口的这根管线，这根管线工况的特点是温度高、介质处于气液混相的状态、流速也很高，如果设计与安装处理不当会产生脉冲状流动使管线、塔发生较强的震动，或者因为强烈的冲刷加上介质的腐蚀作用使转油线穿孔造成事故，从而使整个装置不得不被迫停工检修。

转油线设计时流速应选择得当，转油线的尺寸一般应根据气液两相流在管内的流速、允许压力降和温度降等因素综合考虑，流速高则管径需小，但压降与温降需大。

常压炉出口转油线流速一般为25~35m/s，对酸值大于0.5mg KOH/g、环烷酸含量较高的原油建议采用25~30m/s的较小流速值，以避免流速高而加快转油线的腐蚀。

减压炉出口转油线内气液两相流速国内外有高低速派之

分，高速派建议以下式确定流速：

$$V = 256\sqrt{P_m / r_m}$$

式中　V——允许线速度，m/s；

P_m——管线内的平均压力，atm（绝压）；

r_m——气液混合物的平均密度，kg/m^3。

但其最大流速不得超过100m/s，同样在加工环烷酸含量较高的原油时也应选用较小的流速。

低速派建议主转油线两相流体的流速采用36m/s为宜，低速转油线一般由三部分构成：与炉管直接相连的是高速转油线，它的数量与减压炉的管程数相同，高速转油线以45°的倾角汇合进入过渡段管线，最后再进入低速转油线的主转油线，使油气逐级膨胀以达到低压降、低温降的目的，国内目前常减压蒸馏装置多采用低速转油线的设计方案。

转油线由于管内温度很高，管线安装时应充分地考虑热补偿的要求，且转油线弯头的弧度应该大一些，以避免产生严重的冲刷作用。考虑到转油线存在着较大的冲刷及腐蚀作用，应选择较好材质的钢管来制作转油线，以保证装置长周期安全运转。

10. 初馏塔、常压塔及减压塔塔裙座高度是如何确定的？

初馏塔、常压塔均在略高于大气压的压力条件下操作，如果塔底泵切换或抽空处理后重新启动塔底油泵可依靠塔内压力直接流入泵体将泵灌满，在启动泵时不会遇到困难，其裙座高度主要保证塔底产品抽出口与泵进口的高度差大于塔底泵的汽蚀裕量，避免塔底泵因汽蚀作用而损坏。国产离心油泵的汽蚀裕量一般在4m左右，因而初馏塔及常压塔的裙座高度通常是4~5m。

减压塔是在负压条件下操作的，如果塔底液位高度不够，停运的塔底泵启动时就无法灌泵投入操作，为了方便提供足够的灌注压头，塔底液位与泵进口之间的位差一般在7~10m。

11.正常生产操作中分馏塔板结盐垢堵塔，有什么现象？如何不停工将盐洗掉？

原油中含的盐类（主要是氯化物）经过电脱盐装置处理，仍有少量残存盐进入分馏塔内，为防止氯盐水解对设备造成腐蚀，采用注碱注氨工艺防腐蚀措施。原油中注入过量碱（Na_2CO_3，NaOH），可形成碱垢，沉积在塔底板上。塔顶注氨以后生成铵盐，随塔顶回流液返回塔内，可沉积在降液管中。原油中的含氯化合物，在高温下分解，生成铵盐。原油中混入泥沙杂物，也可沉积在分馏塔板上。鉴于上述原因，生产操作中原油分馏塔板容易出现结盐垢、堵塔的情况。

分馏塔板结盐垢堵塞塔板时，有下列现象发生：

①结盐垢使塔板开孔率降低，油品气液相传质传热作用变差，塔顶温度侧线馏出温度易出现规律性波动，用回流量调节塔顶温度作用迟缓。由于气相负荷分布不均，塔顶压力经常发生突然变化。

②塔的分馏效果变差，各侧线油质量变重，馏程重叠，产品油不合格。严重时出黑油。

③分馏塔板压降增大，测定压降增大的位置，可以判断分馏塔板结盐的大体位置。

分馏塔板结盐堵塞塔板，不停工的正常处理方法：

塔板上结的盐垢，一般都溶于水，所以正常生产中，可以采用塔顶回流泵抽新鲜水的方法将盐溶于水后洗掉。新鲜水进入塔内，盐即溶于水中，含盐的水，可经某一侧线馏出口，进入该侧线，从泵出口或送至不合格油管线抽出。

水洗塔板注意问题：

①确定塔内结盐部位。

②降低原油处理量为正常处理量的60%~80%。

③提高中段回流流量及塔顶回流流量，将塔顶温度降低，使顶回流量调节温度不起作用；用顶回流泵抽水往塔内打水时塔顶温度一定降低至100℃，防止水汽化使塔顶压力超高；水流量不得过大，温度不得压得过低，否则水向下流动到没结盐的塔板上，对操作影响过大。

④水进入塔顶以后，在侧线泵排污水放空口放样观察洗塔板来水情况，用塔顶泵给水量大小严格控制侧线馏出口温度在103~105℃，温度过高水会汽化，排不出水洗不掉盐，温度过低水向下流到抽出口以下的塔板上，污染其他塔板。

⑤侧线泵放空口放样见到水即开始分析水样中Cl^-含量，直到水样中Cl^-不再明显降低，排水清洁，水洗塔板完毕。

⑥水洗塔板完毕后，可以恢复正常操作，将水缓慢停止并逐步增大回流量，使塔内温度逐渐上升。升温速度不要过快。然后，将其他操作条件逐渐按正常工艺指标控制，直至正常生产。

12.怎样开停间接冷却式蒸气喷射器？如何进行减压塔气密试验？

启动蒸气喷射器前要先对减压塔顶各级水封罐加水，保持水封作用，给冷凝冷却器、一级冷却器、二级冷却器通上冷却水，冷却器是空气冷却器的可开风机，末级冷却器排空阀门应打开，待蒸气喷射器启动后将减压系统的空气不凝气排出。设有增压喷射器的暂时不开，将其副线阀门打开，全空冷系统第三级空冷和塔顶水封罐放空管线保持畅通，所有阀门都要打开。

为使真空度逐渐升高，先开二级或三级喷射器蒸气阀门，使塔内真空度达到80kPa（600mmHg）以上，后开一级喷射器蒸气阀门使塔内真空度达到93kPa（700mmHg）左右，有增压喷射器的再开增压器蒸气，增压喷射器工作正常时逐步关闭副线阀门。

停用蒸气喷射器时，先打开增压喷射器副线阀门，关闭增压器蒸气阀门，后逐渐关闭一级喷射器蒸气阀门，依次关闭二级、三级喷射器蒸气阀门。

进行减压系统气密试验时，减压系统必须先经蒸气试压符合要求后进行。

一切按开蒸气喷射器要求做好准备工作，减压塔要关闭各侧线馏出口抽出阀门，中段回流返塔阀门，汽提蒸气进塔阀门，塔底油抽出阀门和减压炉油进塔阀门，开始抽真空，当减压塔真空度达到96kPa（720mmHg）时，关闭末级放空阀门，关闭蒸气喷射器蒸气阀门，注意关闭水封罐顶放空阀门，进行气密试验24h，真空度下降至0.2~0.5kPa（2~4mmHg/h）为气密试验合格。

13.造成真空度下降的原因有哪些？

减压塔操作中，维持真空度的稳定，对塔平稳操作，产品质量合格，产品收率起着决定性作用。真空度下降时，仪表真空度指示下降，塔底液位升高，有可能发生中段回流泵抽空，侧线汽提塔液位下降，侧线泵抽空等现象。影响真空度下降的主要因素有：

①蒸气喷射器使用的蒸气压力不足，影响喷射器的抽力，这是常见的影响真空度下降的因素之一。应及时调整蒸气压力，通常蒸气压力为0.8~1.1MPa，节能型喷射器使用低压蒸气抽真空的，也要稳定压力。

②塔顶冷凝器和各级冷凝冷却器冷却水温度高或水压低，造成各级喷射器入口压力升高影响真空度下降，设置空冷器的各级冷凝冷却器，在外界气温升高或空冷风机电气系统跳闸时，都会引起各级喷射器入口压力升高使真空度下降。应设法降低水温提高水压，提高冷却效果，也可以采用工业风定期吹扫，防止水结垢，提高冷却效率，降低各级喷射器入口压力。

③减压塔顶温度控制过高，使气相负荷增大，进入冷凝冷却器油气量增加，增大了冷凝冷却器负荷，冷凝后温度升高，使真空度下降。处理时，可增大中段回流或顶部循环回流流量，尽量降低塔顶温度。

④减压炉油出口温度升高或减压塔进料组成变化，轻组分油过多，都造成汽化量增大，使塔顶气相负荷增加，塔顶冷凝冷却器因负荷太大冷不下来或冷后温度升高，使真空度下降。应查找引起减压炉油出口油温度变化的原因，稳定在操作指标范围内，检查常压系统操作条件产品质量控制是否有异常，防止过多轻组分油带到减压系统。

⑤塔底汽提蒸气量过大或有炉管注汽及汽提塔汽提量过

大。吹汽量大虽然有利于重质馏分油汽化，提高拔出率，但由于水蒸气量增大，增加了塔顶冷凝冷却器负荷，使冷却后温度上升，增大喷射器入口气相负荷，影响真空度提高，因此对塔内吹入的蒸气量应控制，一定不能过大。

⑥减压塔底液位过高，进塔物料多于出塔物料时会使真空度下降，在塔底液面控制失灵时会出现此现象，应迅速降低塔底液位。

⑦减顶油水分离罐油装满，塔顶不凝气管线堵塞不畅通，造成喷射器背压升高，使真空度下降。处理时检查油水分离罐中油液位应在正常位上，不凝气放空或去加热炉低压瓦斯管线畅通。

⑧蒸气喷射器本身故障，如喷嘴堵塞、脱落，影响正常工作。应与减压系统隔断或停工检查。

⑨减顶油水分离罐水封破坏，或减压系统设备管线有泄漏，使空气进入减压系统，喷射器入口增大了空气量，增大了喷射器的负荷可使真空度下降。在开工试压或气密试验时应做好设备密封检查，防止空气漏进减压系统。

14.减压塔真空度高低对操作条件有何影响？

减压塔的正常平稳操作，必须在稳定的真空下进行，真空度的高低对全塔气液相负荷大小和平稳操作影响很大。

在减压炉出口油温度、进料油流量、塔底汽提吹汽流量及回流量均不变的条件下，如果真空度降低，就改变了塔内油品压力与温度平衡关系，提高了油品的饱和蒸气压，相应油品分压增高，使油品沸点升高从而降低了进料的汽化率，收率降低。在操作上，由于汽化率下降塔内回流减少，各馏出口温度上升，因此在把握馏出口操作条件时，真空度变化除应调节好产品收率，也要相应调节好馏出口温度，当真空度高时馏出口温度可适当调低，当真空度低时馏出口温度要适当提高。

15.湿式减压操作与干式减压操作有什么不同？正常生产情况下如何实现互相转换？

湿式减压操作即塔底吹入过热蒸气，减压炉对流转辐射炉管或出口炉管处也设有注入蒸气的减压蒸馏称湿式减压蒸馏，对减压系统任何部位不注蒸气的称干式减压蒸馏。

干式减压蒸馏大都由原湿式减压蒸馏改造建成，还保留有可实现湿式操作的措施。有时因干式减压操作遇到一些麻烦，产品质量不够理想，为改善产品质量，降低真空度，向塔内吹入一定量蒸气，称为干式减压操作向湿式减压操作转变；吹入的蒸气量较原湿式小，停止吹入蒸气，即恢复干式减压操作，称为湿式减压操作向干式减压操作转变。原湿式减压蒸馏没有进行干式减压蒸馏技术改造的装置，或新设计建成的干式减压蒸馏，由于装置没设置湿式措施，都不能进行两种操作的转换。

湿式转向干式操作时：

①减压炉出口油温度按20℃/h速度降至干式操作指标内。

②关闭减压炉炉管注汽。

③启用减压塔顶增压喷射器，工作正常后关闭增压器副线阀门。

④逐渐关闭减压塔底吹汽阀门，调整好操作。

干式转向湿式操作时：

①向减压炉管注汽，注汽前一定放净蒸气冷凝水。

②向减压塔底吹入适当蒸气。

③停用减压塔顶增压喷射器，将其副线阀门打开。

④减压炉出口温度逐渐升高至湿式操作指标，调整好操作。

16.如何判断减压系统是否发生泄漏？

由于减压塔内压泄漏，看不见有漏力低于大气压，因此减压系统有泄漏难以发现。一旦设备或工艺管线有油痕迹，空气被吸入塔内，漏入的少量空气一般不会对减压系统产生影响，但大量漏入空气时，会使真空度降低，应认真仔细查找泄漏点。

一般泄漏点很小时，听不到空气通过泄漏点的振动尖叫声，当泄漏点增大时可以听到大量空气通过泄漏处高速流通的振动噪声，因此通过泄漏点空气流通噪声可以判断泄漏处。

还可以通过减顶瓦斯气体分析数据推断是否有泄漏，正常情况下减顶瓦斯气体中N_2含量较低。

17.干式减压塔回流油喷嘴头堵塞有何现象？如何处理？

干式减压塔填料上方有回流油或洗涤油，为使填料均匀地工作，要求获得均匀的喷淋密度，因此要求回流油或洗涤油入塔喷嘴头工作正常，才能保证液相油品分布均匀，使填料正常工作。

当回流油或洗涤油喷嘴头有堵塞现象时，回流油或洗涤油入塔压力升高，回流油或洗涤油流量逐渐降低，并提不起量来，侧线馏出温度升高，产品质量变重，颜色不好。

喷嘴头堵塞的原因：过滤器因焦粉沉积过滤网，使油通过受阻；细焦粉长时间沉积于喷头或喷头分配器内，温度较高，沉积结焦堵塞。

18.抽真空系统包括哪些设备？它们各自起什么作用？

减压蒸馏塔顶抽真空系统包括塔顶冷凝器、蒸气喷射器、中间冷凝器、后冷凝器、受液罐等设备和相应的连接管线。

抽真空系统的作用是把减压蒸馏塔顶馏出物料中可冷凝组分冷凝为液体加以回收，把常温常压下不可冷凝的气体组分从塔顶压力升高到略大于大气压力后排入大气或引至加热炉火嘴，从而稳定地保持工艺要求的塔顶真空度。

湿式减压蒸馏塔顶馏出物由不可凝气体（裂解产生的小分子烃和漏入的空气）、减顶油和水蒸气组成。它们首先在减顶冷凝器中被冷却，冷却终温随冷凝器结构型式和冷媒的温度而变，通常小于35℃，在此大部分水蒸气和减顶油气被冷凝为液体，由大气腿流入受液罐。未凝的水蒸气和减顶油气以及不可凝气体被蒸气喷射器组抽吸并升压，因此减顶冷凝器的作用是减小蒸气喷射器的吸气量，降低吸气温度。

蒸气喷射器组一般由一级蒸气喷射器、中间冷凝器和二级蒸气喷射器组成。它的作用是把被抽吸各组分的压力提高到略大于大气压力，并把被抽吸的可凝组分和一级蒸气喷射器的工作蒸气在级间压力下冷凝为液体，由大气腿流入受液罐。

第二级蒸气喷射器的排出物压力已大于大气压力，但若直接排入大气，会污染装置环境，所以要设立后冷凝器，把占排出物绝大部分的水蒸气冷凝为液体，由大气腿流入受液罐。未凝组分基本上是减压蒸馏塔顶排出的不可凝组分，内含有毒气体硫化氢，应引入加热炉燃烧。

待各冷凝器排出的液体流入受液罐，在此进行油、水分离。分出的油即为减顶油，可作为重柴油组分，用泵送到工厂罐区；分出的水为含油含硫污水，由下水道排至污水处理厂。

19.蒸气喷射抽空器的工作原理是什么？有哪几种结构型式？

蒸气喷射抽空器工作原理是：工作蒸气通过喷嘴形成高速度、蒸气压力能转变为速度能，与吸入的气体在混合室混合后进入扩压室。在扩压室中，速度逐渐降低，速度能又转变为压力能，从而使抽空器排出的混合气体压力显著高于吸入室的压力。

每一级喷射器所能达到的压缩比，即排出压力（绝压）与吸入压力（绝压）之比，具有一定的操作限度。如果需要的压缩比较大，为单级喷射器不能达到时，则可采用两级或多级喷射器串联操作，串联的多级喷射器和级间冷凝器组成蒸气喷射抽空器组。单级喷射器的压缩比通常不大于8，对湿式减压蒸馏塔顶压力不小于2.67kPa（20mmHg）（绝压）的一般工况，大多采用两级喷射器和一级冷凝器组成的喷射抽空器组。

喷射器的最适宜工作介质为水蒸气，因为它提供的能量大，而且可以在级间冷凝器中冷凝为水被排走，不会增加后一级喷射器的吸气量。工作蒸气的压力因工厂系统的条件而异，一般采用0.748~1.079MPa（绝压），国内炼厂实际使用的最低工作蒸气压力为0.392MPa（绝压）。工作蒸气的温度应超过相应压力下的蒸气饱和温度30℃，并要在工作蒸气管线上靠近喷射抽空器设置蒸气分水器，确保进入喷嘴的蒸气不携带水滴，以避免湿蒸气在高速下对喷射抽空器严重侵蚀。

喷射器的结构型式根据喷嘴数量可分为单喷嘴型和多喷嘴型两种。20世纪70年代以前，250×10^4t/a原油蒸馏装置的第一级蒸气喷射器采用7个喷嘴，每个喷嘴的喉部直径7.1mm。由于采用多喷嘴，每个喷嘴的尺寸较小，加工比较容易，但整体组装比较严格，往往由于组装精度未达到设计要求而影响效率。此外，由于每个喷嘴的喉部直径较小，很容易被蒸气管道中的杂物堵塞而失去抽真空的作用。与此相反，单喷嘴型的蒸气喷射器，虽然喷嘴的长度较大，加工比较困难，但组装比较方便，效率比较高，而且由于喉部直径较大，不容易被杂物堵塞。因此，除非喷嘴的尺寸过大，一般宜采用单喷嘴型。从20世纪80年代起，我国新建和改造的装置，多采用单喷嘴型蒸气喷射器。

20.影响不凝气量的因素有哪些？

蒸气喷射器的抽气量，在吸入温度相同条件下，随不凝气量成正比例增加。所以减少不凝气量是减少抽气量、提高真空度的重要措施。影响不凝气量的因素有：

①减压炉温度。

减压炉温度愈高，油品的裂解程度愈大，裂解产生的小分子烃量愈大。以加工大庆原油为例，在炉管注气量和减压炉进料量相同的情况下，炉出口温度从403.5℃上升至410.5℃时，裂解气量增加约6.0%（质量分数）。因此，要努力降低炉温。

此外，还要减少油品在炉内的停留时间，办法是适当提高炉管注气量。也以加工大庆原油为例，在炉出口温度相同的情况下，减压进料量增加32%，炉管注气量增加70%，但裂解气量仅增加8.3%（质量分数）。这说明在现有装置上，裂解气量不随加工量成正比而增加。这是由于缩短了停留时间，减小了裂解程度。因此，尤其在装置处理量较小时，应适当增加炉管注气量。

②漏入空气量。

现有装置运行中的漏入空气量基本上是个不变的值，它的量很小。某厂250×10^{4}t/a原油蒸馏装置减压系统的漏入空气量实测值约11kg/h，远小于过去沿用的工业密封真空系统最大空气泄漏量图表的估算值。因为只要减压系统设备和管线的密封状况良好，漏入空气量就很小且基本不变，所以对塔顶真空度的影响不大。

③减压渣油的温度及其在减压塔底的停留时间。

高温减压渣油在减压塔底的停留时间过长，可能出现裂解，生成小分子量的裂解气，上升至塔顶成为抽真空系统的不凝气，因此要防止渣油温度过高，停留时间过长。渣油温度主要取决于炉出口温度，但也受汽提蒸气温度的影响。汽提蒸气的温度不宜高于420℃，否则会促进渣油的裂解。渣油在塔底的停留时间应控制在1min以内，以减少裂解和结焦。以往，有的炼油厂把一股冷渣油循环回塔底，把罐底温度降至350℃以下，这样做虽有助于减少裂解结焦，但降低了渣油的温位，不利于渣油热量的利用，所以现在已较少使用。

21.提高真空度的关键是什么？

提高真空度的关键是在保持工作蒸气压力稳定的前提下努力降低塔顶冷凝器出口温度，即喷射器的吸入温度，以减少吸气量。

前面已经讲过，吸入气体由不凝气、减顶油气和水蒸气三者组成。当减压进料量和减压炉温稳定时，不凝气量基本不变。减顶油气量和水蒸气量随各自的饱和蒸气压成正比例变化，也就随吸入温度成对数关系变化。根据道尔顿分压定律，吸入压力等于不凝气、减顶油气和水蒸气三者的分压之和。所以吸入压力必然大于水蒸气分压，即大于吸入温度下的饱和蒸气压。在不凝气量和减顶油气量比例很小的假想条件下，极限最低吸入压力为吸入温度下的饱和蒸气压。

$$P=P_N+P_O+P_W$$

式中 P——吸入压力；

P_N——不凝气分压；

P_O——减顶油气分压；

P_W——水蒸气分压。

$$P_O=P_O^0,\ P_W=P_W^0$$

式中 P_O^0，P_W^0——减顶油和水在吸入温度下的饱和蒸气压。

冷凝器出口温度与喷射器能达到的吸入压力的关系见表4–3。

表4–3 冷凝器出口温度与喷射器所能达到的吸入压力

冷凝器出口温度 /℃	20	25	30	35	40
喷射器入口能达到的吸入压力 /Pa（mmHg）	3336（25）	4270（32）	5337（40）	6938（52）	8673~9340（65~70）

这就是减压塔真空度冬天高、夏天低的原因。华南一些

炼油厂塔顶冷凝器用循环水冷却，夏天水温33~34℃，蒸气喷射器吸入温度接近40℃，塔顶压力约10674Pa（80mmHg），这是由喷射器效率不高造成的。

在湿式减压蒸馏工况下，喷射器的吸入真空度受到塔顶冷凝器冷后温度的限制。要提高真空度，最关键的是要降低冷凝器冷后温度。

22.为什么干式蒸馏要用增压器而湿式蒸馏不用增压器？

干式减压蒸馏塔的塔顶压力一般要求小于1601Pa（12mmHg）（绝压），塔顶馏出物由不凝气和减顶油气组成，没有水蒸气。当吸入压力小于2668Pa（20mmHg）时，应采用三级喷射器，而常规湿式减压蒸馏的现有装置上大多只有两级喷射器，达不到所要求的真空度。为此在湿式改为干式时，塔顶在冷凝器前加设增压器。所谓增压器，原理与蒸气喷射器相同，其作用是把塔顶馏出物的压力提高到在常规冷媒（如循环冷却水或空气）所能达到的冷却温度下，塔顶馏出物和增压器的工作蒸气能够被冷凝为液体的压力。通常增压器的压缩比为6~8。采用增压器后塔顶压力不再受塔顶冷凝器冷凝温度的限制，能达到干式蒸馏的要求。

干式减压蒸馏的原理是通过增加蒸气喷射器的级数并改造减压塔内件，使减压塔进料段的总压小于常规湿式减压蒸馏条件下的烃分压，从而取消炉管注气和塔底的汽提蒸气，实现干式操作。只有在减压塔压力降值较小、取消的炉管注气和塔底汽提蒸气量大于增高的增压器所需要的工作蒸气量时，干式操作在经济上才是合理的。

如果减压塔压力降值较大，即使采用增压器把塔顶压力降低了，但减压塔进料段的压力未降到小于常规湿式减压蒸馏条件下的烃分压，则仍需在塔底注入汽提蒸气维持湿式蒸馏操作。此时注入减压塔的汽提蒸气全部从塔顶馏出，成为增压器的吸入气体，大大增加了增压器的负荷，因此要相应地加大增压器的工作蒸气量和增压器尺寸。这种情况下，增压器的工作蒸气量必然大于减压塔底汽提蒸气量的减少值，使减压蒸馏系统总的蒸气用量增加，但又不能提高减压拔出率和分馏效率，因此是不合理的，这就是湿式减压蒸馏不用增压器的原因。

23.减压塔顶冷凝器有哪几种型式？它们都有什么优缺点？

减压塔顶冷凝器、级间冷凝器和后冷凝器有三种类型可供选用，一为直接水冷凝器，二为管壳式水冷凝器，三为增湿空气冷却器。三者的优缺点比较如下：

直冷式的优点：冷却水与塔顶气体直接接触，冷后气体温度（喷射器的吸入温度）与冷却水入口温度的差值最小。在冷却水温度相同的情况下，它所能达到的真空度略高于管壳式，而且冷后气体温度稳定，因而真空度稳定。此外，直接水冷凝器的设备尺寸小，可以挂在减压塔体上，不用安装框架，占地面积小。直冷式的缺点：冷却水全部变为含油污水排至含油污水系统，因此污水量大，或需单独建设这一种水的循环水冷却系统，如果把污水处理设施所需的投资计算在内，则其投资和占地面积都比管壳式大得多。基于上述缺点，新建炼厂从20世纪60年代起已不采用直冷式，而且老厂也陆续将直冷式改造为管壳式或增湿空冷器。

管壳式的优点：冷却水与塔顶气体间接传热，冷却水不受油品污染，因此它的投资、操作费用和占地面积比直冷式冷凝器（加上污水处理设施）小得多。管壳式的缺点：冷凝效果受水质的影响大，水质差，水压不足，使水的流速过小（小于1m/s）时积垢快，传热速率迅速下降，因此常常出现在装置检修后开工初期塔顶真空度较高，然后随时间的推移真空度逐渐下降的现象。此外，我国南方的一些炼厂夏季的循环冷却水温度高达34~35℃，使塔顶冷凝器的冷后温度高达40℃，所以塔顶压力为9340~10674Pa（70~80mmHg）（绝压），减压蒸馏拔出率较低。为了克服这些缺点，有的炼厂增设减顶冷凝器冷却水的升压泵，以保持水压，加大流速，并在冷凝器管程水侧设立反冲洗的管线，同时加注防垢剂，以减缓积垢。

湿式空气冷却器不但具有管壳式水冷凝器的优点，而且由于不用循环冷却水，所以不存在管壳式的上述缺点。以上海炼油厂1号250×10^4t/a蒸馏装置为例，把管壳式改造为湿式空冷器以后，装置能耗下降0.34×10^4kcal/t原油，全年装置操作费节约30.7万元，而且夏季的塔顶真空度提高约1334Pa。湿式空冷器的缺点：①占地面积较大，在老装置改造时往往成为限制因素。②在室外气温低于-10℃时，易发生管内冻结，管子破裂的故障，影响真空度的稳定。在长江流域以南采用湿式空冷器可不加设防冻设施，但在北方，尤其在东北地区，宜采用热风循环结构以防止管子冻裂，确保真空稳定。

24.抽真空系统设备和管线的安装应注意什么？

①蒸气喷射器宜垂直放置，吸入室在上，扩压器在下。如果喷射器尺寸过长，或受高度限制不能垂直放置时，也可以水平放置，但吸入口必须向下，以避免吸入室积存冷凝液。

②冷凝器的设置高度应使冷凝液出口法兰与受液罐最高液面之间的高度差大于冷凝器内压力与当地大气压力差值所相当的水柱高度约1m。如果冷凝器凝液排出管线（俗称“大气腿”）在布置中出现水平管段，则此水平管段与受液罐最高液面之间的高度差也应大于冷凝器内压力与当地大气压力差值所相当的水柱高度加1m。

③同一级多台冷凝器和喷射器并联操作时应避免吸入气体物流逆向撞击，损失能量，降低真空度。

④为防止喷射器喷嘴被杂物堵塞或被蒸气凝结水冲蚀，当喷嘴喉部直径小于10mm时，应在工作蒸气管线上靠近喷射器安装Y型过滤器，在开工初期经常打开检查，并且要安装蒸气分水器分出冷凝水。

⑤后冷凝器排出的不凝气体中含有排出温度下的饱和水蒸气，它在排放管线中会进一步冷凝为水，不凝气体无论直接排入大气或引至加热炉抽气火嘴，如果排入管线的布置出现“液袋”，冷凝水在液袋中逐渐积累，会使排气管道渐渐减小以致完全被堵死，造成喷射抽空器组的背压渐渐升高，当背压超过最后一级喷射器极限反压强时，将破坏喷射器的抽真空性能。所以不凝气的排放管线布置应严格避免出现“液袋”，并应有排凝设施。

25. 低压蒸气喷射抽空器在什么条件下使用可以节能？

采用装置自产的0.294MPa（表压）低压蒸气作为工作蒸气的喷射器叫低压蒸气喷射抽空器。

炼油厂大多数喷射器的工作蒸气设计压力约为0.883MPa（表压）。低压蒸气喷射器与这种常规的喷射器相比，由于工作蒸气压力从0.883MPa（表压）降低到0.294MPa（表压)，在抽气量和真空度相同的条件下，工作蒸气量要增加25%~30%，因而级间冷凝器和后冷凝器的冷却水量也要增加25%~30%。因此，从抽真空系统本身来看，不是节能而是多耗能了。

但是，0.883MPa（表压）工作蒸气的总管压力应达到0.932MPa（表压)，它的饱和温度为181℃，常减压一般设为160℃，不少炼油厂的自产低压节省量往往过剩，甚至出现在夏季放空的浪费现象，当把这种低压蒸气用于喷射器时，则起到了废热利用的功效，从这个意义上看是节能的。蒸馏装置内能发生这种压力等级蒸气的过剩热量（温位大于200℃）比较少，往往不能自给，因此需由炼厂热力系统供给，占用炼厂锅炉容量。与之相反，0.294MPa（表压）工作蒸气的总管压力要求为0.343MPa（表压)，它的饱和温度为147℃，炼油厂内能用来发生这种压力蒸气的过剩热量（温度大于160℃）比较多，不少炼油厂的自产低压节省量往往过剩，甚至出现在夏季放空的浪费现象，当把这种低压蒸气用于喷射器时，则起到了废热利用的功效，从这个意义上看是节能的。

采用自产低压蒸气时要注意：饱和的低压蒸气必须先用热油过热至约180℃再引至喷射器，否则饱和蒸气易冷凝成水降低喷射器效率。但是过热度不能太大，切不可利用加热炉对流炉管来过热蒸气，因为这会使过热度无法控制。过热度太大，使蒸气的密度太小，也会使喷射效率下降。

26. 什么是极限反压强？它取决于哪些因素？

所谓极限反压强就是抽空器的最大排气压强。极限反压强曲线就是抽空器的最大排气压强与抽气量的关系曲线。极限反压强是抽空器的一个很重要的参数。实际运转中决不允许任何一级抽空器实际出口压强高于它的极限反压强，否则会使该级抽空器工作不稳定，甚至产生倒流现象，并将导致前级抽空器直至第一级抽空器过载，从而破坏整个真空系统的形成。极限反压是抽空器的结构参数和吸入负荷的函数，结构尺寸一定，此曲线便固定，它几乎是一条水平直线。主要影响极限反压强的结构尺寸有两个。

一是“自由射流长度”，即喷嘴出口面距扩压器入口面的长度，伸入者为负值，退出者为正值。一般来说，自由射流长度加长，真空度略有提高，极限反压强则降低，反之亦然。自由射流长度有最佳值。不论喷嘴渐扩角和扩压器的渐缩角如何变化，只要从喷嘴出来的蒸气射流与扩压器渐缩管相交断面的直径d_s是在扩压器喉部直径D的1.36~1.40倍之间，就可保证泵的性能符合设计要求。过去，这个设计参数掌握不好，把喷嘴的位置设计成可调，为的就是在实际使用中调节自由射流长度，以取得真空度与极限反压强的适宜相配。二是“f_3/f_0”，即扩压器喉部断面积与喷嘴喉部断面积的比值。不论f_3和f_0本身数值如何，只要比值相等，则对极限反压强表现基本相同的影响，简化的极限反压强计算公式是：

$$P_{极限}=\frac{f_0}{f_3}P_s(1+\mu)$$

式中　P_s——工作蒸气压力，kPa（绝压）；

$P_{极限}$——极限反压强，kPa（绝压）；

f_0/f_3——喉面比的倒数；

μ——喷射系数。

对于末级抽空器，μ值非常小，可忽略不计，所以：

$$P_{极限}=P_s / 喉面比$$

由上式可见，若各厂抽空器喉面比已经确定，极限反压强将随着工作蒸气压力的增加而提高。反之，在抽空器背压已定的情况下，可以算出允许的工作蒸气压力的最小值。

27.常减压装置腐蚀机理是什么？

原油中的氯化物和硫化物在原油被蒸馏过程中受热分解或水解，产生氯化氢和硫化氢，还有有机酸等腐蚀介质，使设备及管线被腐蚀。

氯化物主要是氯化钠（NaCl）、氯化钙（$CaCl_2$）、氯化镁（$MgCl_2$），$CaCl_2$和$MgCl_2$在加热至120℃时即开始水解，随温度的升高，水解率也提高，在常压炉出口360℃左右情况下，$MgCl_2$有近90%、$CaCl_2$有近16%水解。

$$MgCl_2+2H_2O \rightleftharpoons Mg(OH)_2+2HCl$$

$$CaCl_2+2H_2O \rightleftharpoons Ca(OH)_2+2HCl$$

在分馏塔顶冷凝冷却系统最初冷凝出现冷凝水时，吸收水解产生的HCl生成较浓的盐酸，对金属造成严重腐蚀。

$$Fe+2HCl \longrightarrow FeCl_2+H_2$$

HCl还能与金属表面上具有保护作用的硫化铁起反应。

$$FeS+2HCl \longrightarrow FeCl_2+H_2S$$

反应生成溶于水的氯化亚铁，使金属失去保护膜，同时放出具有腐蚀作用的H_2S，使金属再次受到H_2S的腐蚀。H_2S对低温硫腐蚀具有强烈的促进作用，可加快腐蚀速度。

$$Fe+H_2S \longrightarrow FeS+H_2$$

HCl在有水的条件下，还会对金属产生应力腐蚀开裂，特别是对奥氏体不锈钢。

环烷酸为石油中有机酸的总称，在高温下与金属生成环烷酸盐，其腐蚀部位多在加热炉管、转油线和分馏塔侧线、塔底等部位。

石油中的硫化物，硫化氢、硫醇、元素硫等为活性硫；硫醚、二硫和多硫化物等为中性硫化物，在高温下，转化生成硫化氢和硫醇对金属造成腐蚀。

28.如何进行工艺防腐？

①脱盐。

对原油进行脱盐，是一项根本的防腐措施，原油中含盐量与设备的腐蚀率成正比。含盐量与腐蚀率的关系如表4-4所示。

表4-4　含盐量与腐蚀率

原油含盐量 /（mg/L）	腐蚀率 /（mm/a）
428	7.19
142	1.07
74	0.58
14.8	0.46
5.1	0.08

从表4-4中的数据可看到含盐量如减少到原来的1%，则腐蚀率也随之降为原来的1%，因此原油中含盐是腐蚀的根本原因。为了防止设备及管线的腐蚀，首先必须从原油中脱除其所含的盐类。为更好地进行脱盐，国外对进炼油厂的原油含盐量作了一定的限制，美国西欧规定≤50mg/L，日本从中东进口的原油规定为10~24mg/L，苏联规定≤40mg/L。

②注氨。

在分馏塔顶馏出线上注氨，是低温部位防腐的有效措施，注氨中和HCl、H_2S，调整冷凝冷却系统的pH值，注氨与缓蚀剂配合，发挥缓蚀剂的作用。氨的注入量应保证中和全部HCl和20%~30%的H_2S，控制塔顶冷凝水pH值为6~7，注入位置在塔顶馏出线上，注在缓蚀剂前。

③注缓蚀剂。

缓蚀剂在其分子内带有极性基因，能吸附在金属表面形成保护膜，使腐蚀介质不能与金属表面接触，因此具有保护作用。pH值低（2~3），温度高（>230℃）会使缓蚀剂失效，因此要求在注缓蚀剂前先注氨，控制其pH值，在塔顶低温部位使用，此外流体线速过高也会防碍保护膜的形成。缓蚀剂的注入量一般在10~20ppm（$1ppm=10^{-6}$）。

④注水。

注水可以使露点前移，保护设备，还由于注氨生成NH_4Cl。

$$NH_3+HCl \rightleftharpoons NH_4Cl$$

NH_4Cl为固相沉积在塔顶冷凝冷却设备中，造成积垢堵塞，注水可以溶解洗涤NH_4Cl。

在脱盐后原油中注碱（注入氢氧化钠或碳酸钠的水溶液）也是工艺防腐的措施之一，它的作用是把原油中残存的氯化镁和氯化钙转化为不易水解的氯化钠，从而减少HCl的生成；并中和水解后生成的HCl和原油中的H_2S以及环烷酸以减轻腐蚀。但是，对于向重油催化等装置提供原料的蒸馏装置，由于后续装置对原料的Na^+含量有特殊的要求（如重油催化原料的Na^+含量通常不大于1ppm），故不采用注碱。

29.原油注碱有什么作用?

原油中含有氯化钠、氯化镁、氯化钙等盐类，经电脱盐后除去90%以上，但仍在原油中残留一部分。其中氯化钠在低温时不水解，而氯化镁和氯化钙在120℃时水解率显著提高，又以氯化镁水解率为高。

$$MgCl_2+2H_2O \longrightarrow Mg(OH)_2+2HCl$$

$$CaCl_2+2H_2O \longrightarrow Ca(OH)_2+2HCl$$

同时，含硫原油在加热过程中有硫化氢生成，在冷凝水出现后，形成$HCl-H_2S-H_2O$强腐蚀性介质。硫化氢和氯化氢相互促进，构成循环腐蚀：

$$Fe+2HCl \longrightarrow FeCl_2+H_2$$

$$FeCl_2+H_2S \longrightarrow FeS+2HCl$$

$$Fe+H_2S \longrightarrow FeS+H_2$$

$$FeS+2HCl \longrightarrow FeCl_2+H_2S$$

在露点部位尤为严重，因最初的凝结水量少而酸浓度高。

在采用注碱措施后，氯化镁和氯化钙转变成不易水解的氯化钠。

$$MgCl_2+2NaOH \longrightarrow 2NaCl+Mg(OH)_2$$

$$CaCl_2+2NaOH \longrightarrow 2NaCl+Ca(OH)_2$$

或者

$$MgCl_2+Na_2CO_3 \longrightarrow 2NaCl+MgCO_3$$

$$CaCl_2+Na_2CO_3 \longrightarrow 2NaCl+CaCO_3$$

因此注碱可以有效地减轻腐蚀。对于为后续装置提供原料的常减压蒸馏装置，当后续装置对Na^+含量有限制性要求时，可考虑少注或不注碱。

30.注缓蚀剂有什么作用？

采取了脱盐、注碱、注氨、注水措施后，塔顶系统腐蚀基本被控制，但还需注缓蚀剂作补充保护，更有效地控制

$HCl-H_2S-H_2O$介质腐蚀。

采取上述措施后也不能将全部HCl在水冷凝前中和，况且还有H_2S存在，所以在冷凝区仍有局部酸腐蚀。同时由于氯化铵溶液存在，氯离子会破坏金属表面保护膜，加重腐蚀。当注入缓蚀剂后，由于缓蚀剂具有表面活性，吸附于金属表面形成一层抗水性保护膜，阻止金属同腐蚀介质的接触，使金属免受腐蚀。另外，缓蚀剂的表面活性作用能减少沉积物与金属表面的结合力，使沉积物疏松，因而为清洗带来了方便。

使用缓蚀剂要注意控制好塔顶冷凝水的pH值，缓蚀剂的用量要充足。

31.注氨有什么作用?

原油经脱盐、注碱后，显著降低了氯化氢的生成量，但残留的氯化氢（5%~10%）仍会造成冷凝区较为严重的腐蚀，因此需在塔顶挥发线注氨，以中和水冷凝之前的氯化氢。

$$NH_4OH+HCl \longrightarrow NH_4Cl+H_2O$$

同时，注氨增加了硫化氢的溶解度，促使金属表面较快地生成硫化亚铁保护膜，进一步降低了腐蚀。

注氨对塔顶冷凝水pH值起到了调节作用，pH值对缓蚀剂的使用效果影响很大。

注氨的缺点是生成氯化氨，它在350℃以下是固体状态，在H_2S存在时，会引起垢下腐蚀。

32.开常压部分时常遇到的问题如何处理?

①真空度抽不上去。此时首先要根据渣油出装置情况严格控制好原油量，确保减压塔底液面不高且平稳正常。其

次要稳定好常压部分的操作，特别注意常压塔最下层侧线拔出量，不能拔得太轻。再就是要控制好减压塔顶温度，一般控制在90~110℃为宜，并且尽可能将各中段回流都打一些，这样对真空度有好处。若真空度仍上不去，则要考虑减压塔顶抽真空系统是否有泄漏或抽空器本身的故障、水封状况、放空是否畅通，还要检查冷却水压力，冷却水量是否正常等。

②减压塔顶温猛然上升。这是开启抽空器太快所致。因此开启抽空器一定要缓慢，并且在开减压部分前就必须先将减压塔顶回流建立起来。

③减顶产品输出困难。减压塔顶产品泵在事先试好，防止减顶温度超指标后，减顶产品不能及时打出去。

④减压侧线泵不易上量。处理方法同常压侧线泵抽空。

第二节　催化装置塔设备知识

1. 简述催化分馏塔内精馏过程

催化裂化反应油气的分离是在分馏塔内完成的，反应油气进入分馏塔的脱过热段（人字挡板下），与人字挡板上向下流的循环油浆逆流接触，脱除过热、洗涤油气中夹带的催化剂粉尘，并且反应油气进行部分冷凝。首先冷凝的是沸点较高的油浆，上升的油气混合物在塔内随着温度的逐渐降低，又会出现部分冷凝，冷凝液为回炼油，未冷凝的气相中，主要是沸点较低的轻柴油和汽油。再降低温度使其逐渐部分冷凝时，冷凝的是轻柴油，最后不能冷凝的是汽油、蒸气。此时，在分馏塔底的是高沸点馏分（油浆），塔侧自下而上可取得回炼油、轻柴油馏分，自塔顶可取得汽油馏分。

气相混合物在精馏段逐渐降温冷凝，气体降温冷凝为流体放出冷凝潜热，这部分热量要通过塔顶和中段回流取走，并使回流中所携的轻组分汽化为气相。

在塔内，上升的气相温度不断降低，其中轻组分含量逐渐增加；一些液相中温度不断升高，其中轻组分的浓度逐渐减少，最终达到轻重组分的分离。根据需要，可以从塔的侧线分出轻重组分不同的馏分。

2.催化分馏塔与其他分馏塔有什么区别?

①有脱过热段和洗涤粉尘的油浆段。催化分馏塔的进料是高温、带有催化剂粉尘的过热油气，因此在塔底设油浆换热段，用油浆循环回流来冷却过热油气和洗涤催化剂。

②全塔余热量大。催化分馏塔的进料是450℃以上的高温过热油气。因此，在满足分离要求的前提下，尽量减少顶部回流的取热量，增加温度较高的油浆及中段循环回流取热量，以便于充分利用高温位热量换热和发生蒸气。

③系统压降要求小。为提高气压机入口压力，降低气压机的能耗，提高气压机处理能力，应尽量减小分馏系统的压降。可以通过采用合适的塔盘型式（筛孔塔盘）和合适的塔盘层数（一般采用28~32mm塔盘）来降低塔的压降。

3.催化分馏塔选材有什么要求?

分馏塔选材时主要考虑高温硫对设备的腐蚀。由于奥氏体不锈钢不适用于400℃以上的高温系统，故分馏塔塔底脱过热段选用铁素体0Cr13Al为复层的不锈钢比较合适。对于分馏塔的下部几层塔板和人字挡板，由于介质温度较高，宜选用0Cr13和Cr19Ni9。

4.催化分馏塔为什么用人字挡板？

催化裂化分馏塔的进料是温度在450℃以上、同时夹带催化剂粉尘的过热油气，这是和其他分馏塔明显不同的地方。催化分馏塔下部有一个油浆换热段，从塔底抽出循环油浆，经过换热和冷却后返回塔内和上升的油气逆流接触，一方面把油气迅速冷却下来，以避免结焦；另一方面也把油气夹带的催化剂粉尘洗涤下来。油浆换热段由于温度较高，同时又有催化剂粉尘，因此一般采用人字挡板而不用塔盘。

5.催化汽提塔与分馏塔有什么区别？

汽提塔底通入过热水蒸气，在温度不变以及总压力一定时，降低油气分压，增加汽化率，即提高侧线产品中轻组分的拔出率，从而降低产品中轻组分的含量。

催化分馏塔底部进料，只有精馏段而没有提馏段。汽提塔是塔顶进料，相当于侧线产品的提馏段。

6.催化分馏塔有几个循环回流？采用循环回流有什么好处？

有4个循环回流：塔顶循环回流、两个中段回流和油浆循环回流。具有以下优点：

①使塔内各段塔板气、液负荷均匀，可减小塔径。若塔径不变，适当增加循环回流，可提高处理量。

②循环回流抽出温度高，便于沿用高温位热能回流。

③用循环回流控制产品质量，灵活、操作容易平稳。

但是采用循环回流也有不可避免的缺点：循环回流返塔温度低，组成也比返回层塔盘的馏分重。因此抽出塔板到返回塔板主要起换热作用，降低精馏作用。

塔顶多用顶部循环回流而不用冷回流，因为进入分馏塔的油气中有相当数量的惰性气体和不凝气，会影响塔顶冷凝冷却器的传热效果，采用循环回流可以避免惰性气体和不凝气的影响，而且抽出温度较高，对回收热量有利。因此采用塔顶循环回流代替塔顶冷回流，可以减小冷却面积，降低水、电消耗；同时可以减小塔顶到气压机入口压力降，减小气压机功率消耗。

7.分馏塔顶为什么要注氨？

分馏塔注氨主要是从防腐角度出发的，在分馏塔顶油气管线上注入浓度为0.5%~3%的氨水，以中和分馏塔顶油气中的酸性物质H_2S、RSH、HCl、HCN等。这些酸性物质主要是由原料中的硫、氮化物及盐类在催化裂化反应过程中产生的。中和反应产物铵盐溶于水，可从分馏塔顶油气分离器中以含硫污水的形式从汽油中分出。

塔顶注氨主要发生下述中和反应：

$$H_2S+2NH_3\cdot H_2O \longrightarrow (NH_4)_2S+2H_2O$$

$$RSH\uparrow +NH_3\cdot H_2O \longrightarrow RSNH_4+H_2O$$

$$HCl+NH_3\cdot H_2O \longrightarrow NH_4Cl+H_2O$$

$$HCN+NH_3\cdot H_2O \longrightarrow NH_4CN+H_2O$$

8.吸收稳定系统各塔选材有什么要求？

吸收稳定系统具有湿硫化氢腐蚀的环境条件，选材时主要考虑防硫化氢应力腐蚀。吸收稳定系统的塔体材料宜选用20R+0Cr13Al材料。

9.催化稳定塔的特点有哪些？

稳定塔又叫作脱丁烷塔，实质上是个精馏塔，其作用是把吸收解吸系统回收的液化气尽量分离出来，是压力下多组分精馏过程。

整个稳定塔由精馏塔、进料段、提馏段三部分构成。塔内安装浮阀塔板，塔顶设冷凝器以提供液相回流，塔底由重沸器提供气相回流，塔中部设有三个进料口。

脱乙烷汽油由稳定塔中部进入进料段后，气液两相经多级塔板的相间接触，逐渐进行扩散、传热、传质，使C_3、C_4组分得以有效分离，塔顶产品是液化气，塔底产品是蒸气压合格的稳定汽油。

10. 简述催化再吸收塔特点

催化再吸收塔也采用浮阀塔板。再吸收塔内的操作过程与吸收塔大致相同，只是再吸收塔处理能力低、规格小，塔中部不设冷却回流。轻柴油作为吸收剂由塔顶部打入，贫气由塔底部入塔。完成吸收过程后，干气由塔顶排出，富吸收油由塔底自压返回分馏系统。

11. 简述催化解吸塔特点

催化解吸塔大多使用双溢流浮阀塔板，塔底设解吸重沸器。解吸塔也叫作脱乙烷塔，就其过程特点看，实质上相当于精馏塔的提馏段。

解吸塔底采用卧式热虹吸重沸器，大都使用分馏系统中循环回流作热源，重沸器中加热形成的气体返回解吸塔底作为气相回流。

富吸收油从解吸塔顶部进入后，液流下行，与逆流而上的温度较高的气相回流在塔板上相互接触，传热传质，使溶解于汽油中的C_1、C_2组分被解吸，进入气相中。这样逐级传热、传质，液相中的C_1、C_2组分逐渐解吸出来，最后自塔底流入重沸器加热，于是，汽油中剩余的C_2组分被汽化脱净，得到合格的脱乙烷汽油。气相回流与逐层塔板上的解吸气一起，上升到塔顶排入气、液平衡罐，再返回吸收塔，从而完成解吸过程。

12. 简述催化吸收塔特点

催化吸收塔中用汽油吸收富气的过程是在板式吸收塔内进行的，塔盘一般采用浮阀塔板。吸收塔结构及工艺流体在塔内的操作情形与普通板式塔基本一样。作为吸收剂的脱丁烷汽油和粗汽油分别由塔顶和塔上部入塔，平衡罐来的不凝油气由塔下部进入，贫气由塔顶排出，富吸收汽油自塔底抽出塔。塔中部设有两层集油箱，箱内集油用泵抽出，经中间冷却器，再从下一层塔板打回塔。吸收油沿各层塔板下行，与上升的混合油气在塔板内相互接触。由上层塔板降液管下行的汽油流入下层塔板受液区，然后横向流过塔板，与该层塔板阀孔中上升的气流呈错流方式接触。气、液相间进行扩散传质后，流体流经塔板上出口端的溢流堰，流入该层塔板降液管，继续下行；未被吸收的气体，从塔板上液层中逸出与液相分离，继续上升。塔板上液体靠溢流堰保持一定液层高度。这样气液两相经逐级接触，进行传质，从而完成吸收过程。

13. 简述催化装置塔顶低温系统的腐蚀类型和腐蚀部位

腐蚀类型：湿硫化氢腐蚀+低温硫化氢应力腐蚀开裂+湿硫化氢损伤。

腐蚀部位：分馏塔塔顶、脱吸塔、稳定塔、气压机入口分离器以及与之相连接的管线。

14. 简述催化装置塔顶低温系统的腐蚀机理

硫化氢腐蚀部位多存在于操作温度小于150℃的设备上，表现为均匀腐蚀或者孔蚀，两相转变处的腐蚀情况最严重。在加工过程中介质中含有HCl和H_2S，因其沸点低，故大多集中在塔顶，与塔顶部位凝结的水蒸气结合时，会形成强酸性腐蚀介质，引起金属腐蚀。H_2S与金属反应生成硫化亚铁保护膜附着在金属表面阻碍腐蚀继续进行。但在有强酸性腐蚀介质存在的环境下，硫化亚铁与强酸反应生成可溶性铁盐，破坏保护膜，与释放出的H_2S继续参与反应，加剧腐蚀。

15.分馏塔顶露点温度有何要求？

分馏塔顶存在露点腐蚀，满足工艺防腐需要分馏塔顶温度至少大于露点温度14℃的要求，以减轻分馏塔发生湿硫化氢应力腐蚀开裂和结盐的风险。

16.如何减缓分馏塔结盐腐蚀？

分馏塔结盐温度高于塔顶部温度控制时，分馏系统存在结盐的风险。为了减缓塔顶结盐及腐蚀，可采取如下措施：

①利用好顶循脱水罐在线除水设施，控制脱水罐界面为40%~70%，有效降低顶循返塔含水率。

②稳定分馏塔顶冷回流流量，避免冷回流流量过大，造成分馏塔顶部分水蒸气冷凝。

③监控分馏塔压力降和汽柴油质量。

④顶循环流量稳定，顶循环回流泵每三个月定期切换一次。

17.如何判断分馏塔是否结盐？结盐后应如何处理？

①分馏塔顶温度控制稳定在合理值110℃左右。

②分馏塔压力降为0.05MPa，未发生压力降明显增加的情况。

③顶循环流量稳定。

④如分馏塔顶循返塔温度达不到工艺指标的温度要求，推断分馏塔存在一定的结盐和腐蚀风险。

根据以上经验，可判断分馏塔顶是否发生结盐情况。如若发生塔顶结盐，必须及时降低处理量，水洗分馏塔直至分析水质合格。

18.塔顶低温系统腐蚀管控措施有哪些？

①选择并维持能减轻或防止腐蚀发生的工艺条件，即适宜的温度、压力、组分比例、pH值和流速等。

②工艺防腐蚀的主要控制指标纳入生产工艺平稳率考核。

③配置相关设备仪器，加强对原油进行硫含量、氮含量、盐含量、酸值和重金属含量等指标的检测分析，以便及时调整工艺防腐蚀方案。

④针对加注点分散的问题，委托设计院对注水、注剂流程进行核算，增设雾化喷嘴，从而改善注水、注剂效果。

19.催化裂化装置吸收稳定系统塔设备湿硫化氢腐蚀防护措施有哪些？

湿硫化氢腐蚀广泛存在于催化裂化装置中，催化裂化装置吸收稳定系统的设备腐蚀主要集中于各塔器的塔壁、塔板、塔板支承圈容器接管及其他内部构件、压缩富气冷却器、油气分离器和部分工艺管线弯头等部位。由于硫化氢和氰化物的低湿电化学作用，使钢板出现大量氢渗透、鼓泡、严重分层，有的腐蚀产物厚达6~7mm。腐蚀产物堆积，使浮阀卡死。有的器壁、塔盘薄，使阀孔扩大，甚至使相邻阀孔连通，降液管减薄、穿孔、下缘全部腐蚀，更有甚者，塔体纵缝出现裂纹等。

钢中有些成分与组织对钢抗湿硫化氢开裂性能影响很大：

①限制介质流，控制在10m/s以下，延长硫化铁（或硫化亚铁）保护膜的寿命。

②采用水洗法或者注氨，脱硫化氢和氰化物。在气压机出口处，注入适量的软化水；或在催化分馏塔顶馏出线处注适量软化水。经水洗后可脱除氰化物3%~49%，硫化氢2%~5.8%。此法会产生含氰污水，增加污水的处理难度。注水可提高系统的pH值，但注氨会生成一定量的$(NH_4)_2S$，含水的$(NH_4)_2S$能造成很高的腐蚀速度，容易使设备穿孔。最好的办法是注氨及注水相结合。

③合理选用耐蚀材料，在一般情况下可选用镇静钢或高铬不锈钢，但不得选用单相奥氏体不锈钢。湿硫化氢环境中采用的钢都必须控制硫和磷含量以及硬度。

④重视钢的冶金质量，纯净钢的成分与组织，开发湿硫化氢环境用专钢以防止湿硫化氢环境下开裂。

20.催化裂化装置分馏塔系统湿硫化氢腐蚀防护措施有什么？

针对分馏塔顶循以及挥发系统设备管线腐蚀严重的情况，在分馏塔顶系统挥发线增设注缓蚀剂，有效缓解低温活性硫和HCl对系统设备管线的腐蚀，而且含缓蚀剂污水回注富气压缩出口，对该系统同时起到保护作用。

开展分馏塔顶除盐剂技术的研究应用工作，在有条件情况下进行分馏塔顶除盐剂的开发与应用，避免分馏塔顶、空冷器的结盐和产生垢下腐蚀。

加强对设备管线重点腐蚀部位定点监测工作。随着装置运行周期的延长，加工高含硫原油增加，设备管线的腐蚀将进一步加重，因此在现有条件下应加强对重点设备管线的重点部位进行定期检测、必要时增加测厚的频率。对分馏塔底循油浆线、分馏塔中段回流线等开展定点测厚，以期发现安全隐患，及时采取措施。

21.稳定吸收系统的主要腐蚀类型有哪些？

稳定吸收系统的腐蚀主要是H_2S-HCN-H_2O型腐蚀。原油中许多硫化物在催化裂化中被分解为H_2S，同时原油中的氮化物也以一定比例存在于裂解产物中，其中有1%~2%的氮化物，从而形成H_2S-HCN-H_2O型腐蚀环境，HCN的存在对H_2S-H_2O的腐蚀起促进作用。在该环境下，对碳钢为均匀减薄、氢鼓泡及硫化物应力腐蚀开裂；对奥氏体不锈钢为硫化物应力腐蚀开裂。

当钢中存在残余拉伸应力时，在H_2S-HCN-H_2O型腐蚀环境中很容易产生硫化物应力腐蚀开裂。如果不存在氰化物，溶液的pH值小于7时才容易发生硫化物应力腐蚀开裂；存在氰化物时，即使在碱性溶液中也能发生硫化物应力腐蚀开裂。影响这种腐蚀的因素为：

原料油：当硫化物含量大于0.5%，氮含量大于0.1%，CN^-含量大于200ppm时就会引起严重的腐蚀。

温度：渗氢最敏感的温度范围是5~40℃，因为温度升高后虽然原子氢的扩散速度加快，但向空气中的逸出量增加更快，结果使钢中的氢含量下降。

H_2S含量：H_2S含量愈高，腐蚀愈剧烈。一般来讲，操作压力大于0.5MPa，H_2S分压大于等于345Pa，如果有水存在，就会导致严重的腐蚀。

氰化物：在pH值大于7.5时，氢鼓泡和硫化物应力腐蚀开裂随介质中CN^-浓度的升高而增加。

硫化氨：能使 H_2S在水中的溶解度大大增加，提高了H_2S浓度。另外，氨溶解在水中提高了水的pH值，为HCN

和FeS反应提供了更有利的条件，所以一般在此环境中应控制氨的浓度小于1000mg/L。

pH值：没有CN^-存在时，pH值愈高，原子的渗透率愈低；CN^-存在时，即使pH值大于7，氢的渗透率也是很高的。

钢材：钢材的显微组织对氢鼓泡和硫化物应力腐蚀开裂的影响很大，以马氏体组织最为敏感。因为低合金钢的马氏体组织属于亚稳定状态，点阵畸变较大，使氢向外扩散阻力增大，有利于氢在钢中的聚集。此外，减少钢材内部缺陷，提高纯净度，对改善钢材的抗裂性能十分有益。

总体来讲，HCN的存在有两个作用：其一，它能溶解硫化氢生成的FeS保护膜，从而加速硫化氢腐蚀，且产生有利于氢原子向钢中渗透的表面，增加氢通量，即增加鼓泡（HB）、硫化物应力腐蚀开裂（SSCC）、氢致腐蚀开裂（HIC）和应力诱导氢致腐蚀开裂（SOHIC）的敏感性；其二，它能除掉某些溶液中的缓蚀剂进一步加剧腐蚀。随着氢氰根离子的增加，均匀腐蚀、局部腐蚀和应力腐蚀的敏感性都将增加。

对H_2S–HCN–H_2O型腐蚀的防护可采用水洗的办法，将硫化物脱出；或者注入多硫化物有机缓蚀剂。这两种方法可减缓设备的腐蚀。另外，材料方面筒体采用碳钢（镇静钢）+3mm 0Cr13Al复合板或0Cr13，也可以采用12CrAlMoV，配用热317焊条，焊后750℃热处理，焊缝及热影响区的硬度小于HB200。填料采用0Cr13或渗铝钢。但应注意，在此腐蚀环境下用不锈钢焊条焊接碳钢或铬钼钢，极易发生硫化物应力腐蚀开裂。

22.简述分馏系统高温部位的腐蚀类型及防护方法

分馏部分高温部位主要是分馏塔下部柴油段以下的换热

设备和管线，腐蚀类型为S-H_2S-RSH高温腐蚀，分馏塔下部塔盘、人字挡板已经采用不锈钢，未发现明显的腐蚀，分馏塔塔体腐蚀较轻。原料油换热温度到200℃进入反应器，高温部位换热器未发现严重的腐蚀状况，油浆管道已采用1Cr5Mo钢，其他管道为碳钢，油浆管道和其他高温管道腐蚀较轻。考虑到以后装置加工原料硫等腐蚀性杂质含量的提高带来的腐蚀可能加重的趋势，在装置运行中应加强对回炼油管线等高温管线的测厚检查，根据实际腐蚀状况进行局部材质升级。

23.简述分馏部分低温部位的腐蚀类型及防护方法

分馏部分低温部位主要是分馏塔顶部和塔顶冷凝冷却系统的设备和管线，腐蚀为H_2S-Cl^--NH_3-H_2O型。油气出分馏塔的初次换热器与除盐水换热，油气走壳程，结垢严重，换热器管束分别采用了碳钢、Ni-P镀和不锈钢。从实际腐蚀情况看，碳钢管束表面有密集的蚀坑；Ni-P镀管束蚀坑较少，但蚀坑比碳钢管束深，有的接近穿孔；不锈钢管束外壁光滑，腐蚀较轻，油气的初凝部位可能在分馏塔顶初次换热器内部，形成高浓度的酸性溶液，对管束造成严重腐蚀。根据中国石化《炼油生产装置工艺防腐蚀管理规定》，此部位应根据塔顶冷凝水pH值情况，在塔顶注氨水，并可考虑注缓蚀剂，在工艺防腐措施达到要求的工艺指标的情况下可采用碳钢管束，换热器结构上可以加大入口管直径，采用外导流结构，以降低流速，减缓冲蚀。Ni-P镀能够提高抗蚀能力，但Ni-P镀为阴极性涂层，一旦存在局部缺陷，将会加速局部腐蚀，Ni-P镀管束必须在质量得到严格控制的情况下才适合选用。18-8不锈钢在pH>6及氯离子小于200ppm的环境可以使用，在催化分馏塔顶部位，氯含量较少，可以采用奥氏体不锈钢管束，但成本较高。

24. 吸收稳定部分的腐蚀主要表现在什么地方?

贫富吸收油换热器、解吸塔底重沸器和稳定塔底重沸器，其中解吸塔底重沸器和稳定塔底重沸器的腐蚀尤为严重。贫富吸收油换热器壳程介质为吸收后的重石脑油，管程介质为吸收前的重石脑油，管束腐蚀主要是湿硫化氢引起的腐蚀，可以考虑把管束升级为08Cr2AlMo，这种钢是我国开发的抗湿硫化氢腐蚀的钢种，抗湿化腐蚀能力是碳钢的4倍以上。解吸塔底重沸器和稳定塔底重沸器管束的腐蚀不仅有硫化氢等腐蚀介质的腐蚀，还有介质在管束表面汽化引起的冲蚀，需要把管束材质由碳钢升级为00Cr19Ni10，其中解吸塔底重沸器的壳体应由一般结构换热器壳体更新为带蒸发空间的壳体，两台设备在运行中壳体内应保持一定的液位高度，使管束完全浸没在液体中，防止管束顶部换热管处于干湿交替状态，造成局部液滴的突沸，产生较大的冲击力，加快管束的腐蚀。

25. 分馏塔顶换热器如何做好防腐?

需要重点做好“三注”工艺防腐措施，换热器结构上可加大接管直径、采用外导流措施降低流速来减缓腐蚀。需保证并联的各换热器流量基本一致，防止出现偏流。

26. 解吸塔和稳定塔底重沸器如何做好防腐?

壳体建议更换为带蒸发空间的壳体，以减缓液体在管束表面沸腾引起的冲蚀。解吸塔底重沸器和稳定塔底重沸器管束建议升级为00Cr19Ni10，运行中壳程应保持一定液位高度，使管束完全浸没在液体中，以防止液体快速蒸发对管束造成巨大的冲击力，加快腐蚀。

第三节　加氢装置塔设备知识

1.加氢精制装置减少塔腐蚀的设备设计准则是什么？

当操作介质中H_2S分压大于0.00035MPa，并有水存在时（湿H_2S环境），所使用的设备应选用镇静钢，且钢板厚度大于20mm者应进行100%超声波探伤。检验结果应符合NB/T 47013.3—2015标准中的要求。

2.加氢精制装置塔设备制造时材料注意事项有哪些？

在湿H_2S环境下，为防止产生应力腐蚀开裂，设备制造时除材质本身符合规范外，还应满足下列要求：

①设备制造完毕后，应进行焊后热处理，控制焊缝和热影响区的硬度≤200HB。

②当采用埋弧自动焊时，不得用陶瓷型焊剂，必须用熔融型焊剂。

3.柴油加氢精制装置脱硫化氢汽提塔采用何种结构类型的塔及填料？该类型塔有何主要的结构特点？

采用填料塔，填料采用规整填料。

填料塔的主要结构特点是：在填料层上部设置有槽式的液体分布器，中间为填料层，塔底抽出口设置有防涡流挡板。

4.柴油加氢精制装置溶剂再生塔冲塔有什么现象？原因是什么？如何处理？

冲塔的现象：

①溶剂再生塔顶回流罐液面和压力马上上升。

②酸性气出装置量突然增大。

③塔压升高，液面下降。

产生的原因：

①再生塔底重沸器加热蒸气量过大，导致温度超高，气相负荷过大。

②再生塔液面波动大。

③压控失灵，波动过大。

④再生塔顶回流过大后中断或回流泵故障。

处理方法：

①降低塔底重沸器加热蒸气量。

②控制住液面、压力。

③切换备用泵，调整回流罐面及回流量至正常。

5. 简述柴油加氢精制装置产品分馏塔顶汽油干点高的原因及处理方法

原因：

①分馏塔顶温度高。

②塔底温度偏高。

③进料组分变轻。

④回流带水。

⑤塔操作压力低。

⑥回流量太小。

处理方法：

①降低塔顶温度。

②降低分馏塔底重沸器加热量。

③降低进料温度。

④加强产品分馏塔顶回流罐脱水。

⑤提高塔的操作压力。

⑥适当加大回流量。

6.柴油加氢精制装置脱硫化氢汽提塔应采用什么材质？塔顶为何要注缓蚀剂？

主材为20R，内壁再贴了3mm厚的0Cr18Ni11Ti板。因为塔内气体中硫化氢含量很高，尤其是塔顶处，可达到25%~40%（体积分数），温度又较低，与水蒸气形成H_2S-H_2O型腐蚀，加入缓蚀剂后能在金属表面形成一层保护膜，减少H_2S对汽提塔顶及后面管道、换热系统的腐蚀。

7.简述加氢裂化装置液化气和干气脱硫塔的结构特点

液化气脱硫塔与干气脱硫塔均采用板波纹规整填料，液化气的填料层数多，且在每层板波纹填料之下还有FG型格栅规整填料支承再分布器，也是该填料的组成部分，采用波纹板式结构，90°交错叠加而成，其主要作用是对液滴均匀地破碎切割，提高传质效率。干气脱硫塔一般无FG型格栅规整填料。干气塔填料层数与结构相对简单一些，填料采用不锈钢材质不会腐蚀损坏，可运行几个周期不进行大修。

8.简述加氢裂化装置循环气脱硫塔的结构特点

该塔盘为浮阀板式塔盘，这与一般的塔没有大的区别，所不同的是，因该塔为16MPa高压设备，塔体采用锻造（或用厚板卷制成板焊式），上下封头为球形，塔顶设一弯头短接，一头与气体出口管相连，另一头与塔体的法兰连接，同时作为人孔，在塔体侧面不再开人孔。

9.加氢裂化装置脱丁烷塔防腐起什么作用？如何防腐？

脱丁烷塔除了将反应物的丁烷及以上组分分离出来，还将腐蚀气体H_2S分离，从塔顶部排出，不进入下游分馏系统。当装置负荷小或反应物中轻组分液化气较少时，分离效果不好，H_2S一部分仍留在塔底，造成塔底碳钢设备管线及下游分馏设备管线的高温活性硫腐蚀，尾油中铁离子含量高。对于尾油循环的加氢裂化来说，这就意味着裂化反应器顶部催化剂床层压降很快升高，须停工撇头。塔上部的低温硫化氢腐蚀产物也会随塔顶回流返到塔底，这样铁离子也带入尾油中。

脱丁烷塔所起的防腐作用很重要，20世纪90年代末设计的该设备一般采用碳钢+0Cr13Al或碳钢+321复合钢，对高温硫和低温湿硫化氢的防腐性均很好。塔盘及填料有的均用304不锈钢，防腐效果也非常好。为减少塔顶的腐蚀可以注缓蚀剂。但为使整个分馏系统防腐，最根本的是提高塔的操作性能。H_2S的分离效果很好，可降低塔底部硫含量，所以采用微分塔盘等高效的新型塔盘，是常选的方案。

10.简述加氢裂化装置脱硫再生塔结构与防腐方法

脱硫再生塔小型塔为单流浮阀塔，中大型的采用双流浮阀塔，近几年来新的专利技术运用较广，浮阀的型式也有很多种。

塔内的介质腐蚀主要为顶部硫化氢酸性气液的均匀腐蚀和应力腐蚀，塔下部氨液的应力腐蚀，防腐方法主要采取：塔体上部注水溶性缓蚀剂，或塔盘和内件均为18-8不锈钢，塔体也可用18-8复合不锈钢材料，处理氨溶液的再生系统设备和管线碳钢材料要消除焊接应力。

11.简述加氢裂化装置分馏新型塔盘的特点

脱丁烷塔精馏段运用ADV微分浮阀塔盘，脱丁烷塔下段运用DJ塔盘。常压塔采用了浮阀塔板与加金属板波纹Mellapak、Gempak规整填料的空中复合技术，减压塔大量采用Mellapak、Gempak规整填料的新型复合塔盘。

①ADV浮阀塔盘。

ADV浮阀塔盘是在传统F1浮阀塔盘的基础上，对浮阀和塔盘的整体结构进行优化而来的。结构特点：①F1浮阀上方是封闭的平面，没有鼓泡，气液接触较差，传质效率低。ADV微分浮阀（见图4-2）在阀顶部开水平喷射小阀孔，传质空间增加使气体分散更加均匀，减少了高负荷时各阀间的气流对冲，减少了雾沫夹带，相应提高了气相处理量。②ADV浮阀的阀脚和阀孔结构使其不会旋转，克服了传统浮阀旋转的弊端，使ADV浮阀具有一定的导向作用，有利于消除塔板上液体滞流现象，提高液体分布的均匀度。优点：处理能力、分离效率提高，操作弹性增加、压降减少10%、雾沫夹带率明显减小。

图4-2　微分浮阀

②DJ塔盘。

DJ塔盘是由悬挂多根矩形降液管的MD塔板开发而来的，继承了MD塔板降液管的特色，并在结构型式、通量和效率等方面有所创新。主要结构特点是采用宽型降液管，受液区相应位置上开设导流孔或设置导流板，极大改善液流的初始分布，使塔板上的液流接近于活塞流，较大地提高效率。为减少塔板间的雾沫夹带，DJ-3型设计为一种复合型塔板。通过在DJ-2型塔板下面采用空中复合技术，在塔板下复合上一薄层规整填料。当负荷高时，雾沫夹带会严重影响塔板效率，甚至引起雾沫夹带液泛。填料层处于气相空间，起到了抑制雾沫夹带作用，同时改善了塔板间的气相分布，使塔板效率提高10%~15%，气相通量提高15%~20%。对于气液负荷都较高的操作，效果尤其明显。当负荷低时，塔板的倾向性漏液，填料层起了气液传质作用，使塔板效率得以提高。而在正常负荷范围，筛板的随机漏液与上升的气相在填料层内进一步传质，改善了塔板的分离效果。因此，DJ-3型塔板具有大通量、高弹性和高效率的优良特性，其结构示意如图4-3所示。

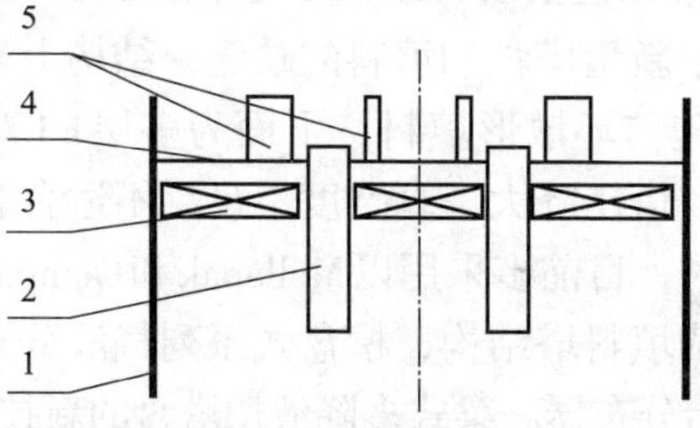

1—塔壁；2—降液管；3—复合填料；4—塔板；5—导流板

图4-3　DJ-3型塔板结构示意

DJ系列塔板适用于处理高液气比、大液量的操作，通过增设导流装置、防冲击漏液装置以及在塔板下方复合填料等措施，可以改善板上液流分布，减少冲击漏液量，减少雾沫夹带量，从而大大提高DJ系列塔板的效率，增大操作弹性。

③HT半管式规整填料。

以苏尔寿公司Mellapak和格里西公司Gempak为代表的一代新型高效传质塔内件，由于具有效率高、通量大、压降大以及在分布状态良好的前提下几乎无放大效应的特点，正越来越广泛地被应用于石油化工、医药轻工和环保工程等领域，可替代传统的板式塔板和散堆填料。一种优良填料，应具备的综合性能是：①尽可能大的比表面积；②流线型流道；③液膜能不断更新；④气流可高度湍动；⑤填料表面均匀润湿；⑥气液分布良好。

与填料配套的分布器可实现上述⑤⑥项的性能，Mellapak和Gempak等板波规整填料已满足①~④项综合性能。HT型规整填料还具有投影几何图形简单、易于加工的优点。其材质以合金钢和碳钢为主，也可以用陶瓷和工程塑料。

12.加氢裂化装置减压塔新旧设计在结构上有何不同点?

过去由于新型塔盘和填料的缺乏，结构上常采用塔顶部为一层常规鲍尔环散形填料，下面为多层F1双流浮阀，这种塔效率低，塔压降大，真空度不足，不适合装置大型化大处理量的要求，目前多采用以Mellapak和Gempak等板波规整填料为主体的填料塔结构，槽盘式系列气液分布器、辐射式系列进气初始分布器、梁式多降液槽塔盘的新技术。

第四节　连续重整装置塔设备知识

1.简述汽提塔的结构组成及汽提塔的作用

汽提塔的主要作用是将来自预加氢反应器的反应产物进

行分设，去除汽油中的轻组分及硫化氢，为重整单元提供合格的精制原料。

2.汽提塔顶为什么要设置注缓蚀剂系统？

从预加氢反应器出来的油中含有硫化氢，在汽提塔顶部对设备造成腐蚀，为防止塔顶的氢鼓泡，汽提塔顶部需要一套注缓蚀剂系统。

3.脱丁烷塔如何控制塔顶回流量？

C_4轻组分从塔顶馏出，经空冷冷却后进入回流罐，液相经回流泵由液位串级控制回流量，由塔顶灵敏塔盘温度和流量控制出装置。

4.简述分馏塔C_4/C_5组分介质流向

C_4轻组分从分馏塔顶馏出，经空冷冷却后进入回流罐，含硫化氢富气在压力控制下送至焦化装置脱硫，液体经回流泵升压后，部分返塔，部分去二催化脱硫。塔底的戊烷馏分一部分经加热后返塔提供能源，一部分作为加热炉的燃料气，另一部分送出装置。

5.脱戊烷塔各组分介质流向如何？塔盘结构型式是什么？

塔顶分馏出的戊烷送出装置，塔底苯馏分油经冷却器冷却后出装置，作为抽提装置的原料。

脱戊烷塔由40层塔盘组成，型式为单溢流浮阀塔盘，浮阀为F1Z-4A。

6.连续重整装置塔设备检修应注意哪些内容？

塔设备检修应注意以下几方面内容：

①塔内应清扫干净。

②各浮阀应逐个检查，确保浮阀运动灵活。

③检查浮阀脱落情况，并及时补齐。

④封通道板时要专人配合，确保每层塔盘坚固件安装可靠。

⑤封人孔前应仔细检查各抽出口应无杂物。

⑥在拆人孔时，必须保证人孔从上到下顺序依次打开。

7.二甲苯再蒸馏塔及二甲苯分馏塔采用什么塔盘？这种塔盘有什么优点？

使用的是美国UOP公司的MD塔盘。MD塔盘具有很大的溢流长度以及降液管面积，保证了很高的液体负荷，压降很低。

降液管悬挂在气相空间，没有受液盘，增大了鼓泡区面积，气相负荷提高。

塔盘成90°交错布置，提高了混合效果，几乎没有死区。

降液管布置在塔盘上，不需要用螺栓连接，更不用焊接，塔盘容易安装。

8.简述碱洗塔腐蚀类型与预防措施

碱洗系统中多种介质存在：在碱液环境下的直接腐蚀；CO_2引起的腐蚀；气体中含氯化氢等介质腐蚀。

碱洗系统由酸性混合气体引起碱洗罐内壁腐蚀，气体中氯未完全被吸收，在器壁凝缩集聚，Cl^-破坏金属钝化膜，对金属表面的腐蚀产物膜交叉破坏，从而腐蚀加剧。

碱洗塔入口混合器填料密度变化可能导致混合效果差。使用末期为保证催化剂活性，再生注氯量较正常时增大，注碱量随之增大。如果系统出现波动或者处理量的变化，没有精确的调节手段，可能造成腐蚀加剧。

碱洗塔塔壁泄漏在重整装置碱洗系统是个普遍存在的

问题，深究其原因，都与混合器的混合效果有关系。而混合器的关键在填料密度，既要考虑压降，同时还要保证混合效果，是一个比较难解决的问题。

一方面提供给设计循环气流量、碱液浓度等工艺参数的准确性很重要，因为循环气流量、含腐蚀介质都是动态变化的，需要精确监控，随时调整。另一方面，采用再生碱洗的重整装置较少，随着装置的大型化，如何在保证压降同时兼顾混合效果还需摸索。

防范措施：

①注碱泵出口增加流量计，提高控制精度。

②混合器重新设计选型。

③新塔内壁采用环氧煤沥青防腐。

碱洗塔腐蚀穿孔、腐蚀速度较快主要是因为入口混合器发生变化，含HCl气体与碱液在混合器中中和效果差，导致进入碱洗塔后对塔壁造成腐蚀。

腐蚀机理：可能同时存在HCl和碱腐蚀。重整催化剂末期操作条件恶化、波动，再生碱洗系统缺乏精确的数据控制和分析等原因加剧了腐蚀。建议通过以下措施进行改进。

①按照工艺指标进行操作，严格控制再生注氯量及注碱量，使pH值在8~9，碱浓度为3%。

②提高检测分析的科学性，在注碱泵出口增加流量计，监测注碱量，通过对比注氯量与注碱量，控制pH值等手段，以及长期的数据积累，判断入口混合器的混合效果。增加检测项目的分析频率，对关键项目采用先进的分析方法提高分析精度，如碱液混合前后的pH值，循环气中的氯含量。

③更换入口混合器，提供准确的运行参数，委托设计

方重新设计洗涤塔入口的填料混合器，使碱液充分与循环气混合。

④在设备选材方面降低腐蚀速率，采用耐腐蚀材质或者在塔内壁采取加防腐涂层等措施。

⑤应用连续重整再生固态脱氯技术代替碱洗脱氯，解决碱洗系统腐蚀造成再生系统频繁停工的问题。

9. 简述脱戊烷塔塔顶空冷器结盐腐蚀现象

从脱氯罐底部出来的重整生成油经脱戊烷塔进料换热器换热后进入脱戊烷塔，脱戊烷塔塔顶油经脱戊烷塔塔顶空冷器、脱戊烷塔塔顶后冷器冷却后进入脱戊烷塔回流罐，回流罐罐底液体一部分作为塔顶回流，另一部分（C_5组分）送至C_4/C_5分离塔，脱戊烷塔塔底油经过与脱戊烷塔进料换热后送至脱C_5塔。

脱戊烷塔塔顶空冷器结盐腐蚀现象，造成装置停工和设备维修，会严重影响装置的安全平稳长周期运行，国内连续重整装置普遍出现过同样的问题，说明脱戊烷塔结盐腐蚀是一个共性问题，尤为迫切。

脱戊烷塔进料中的少量铵盐与氯离子结合生成氯化铵，在水解的作用下，金属表面产生盐酸，破坏FeS膜，使金属表面暴露出来，新的金属表面在盐酸的作用下继续反应，FeS与氯化氢联合作用，相互促进，加剧了金属表面的腐蚀。其反应见下式：

$$NH_4^+ + Cl^- \longrightarrow NH_4Cl$$

$$Fe + 2HCl \longrightarrow FeCl_2 + H_2$$

$$FeCl_2 + H_2S \longrightarrow FeS + 2HCl$$

$$Fe + H_2S \longrightarrow FeS + H_2$$

$$FeS + 2HCl \longrightarrow FeCl_2 + H_2S$$

此外，HCl还与氮经加氢生成的NH_3反应生成铵盐，铵盐与氯化亚铁在相变处析出产生垢下腐蚀。以上化学反应的描述是空冷等系统结垢腐蚀的主要原因。由此可见，装置产生腐蚀主要是受系统中硫、氮、氯等各类化合物相互作用的影响，在脱戊烷塔的操作条件下，经过蒸馏浓缩聚集在塔顶系统的结果。

第五节　延迟焦化装置塔设备知识

1. 如果板式塔（浮阀塔盘）效率下降，侧线产品有的重有的轻，收率有的少有的多，且伴有全塔压降明显减小，是什么原因？如何处理？

故障原因：

①塔板被严重腐蚀烂掉。

②塔板上浮阀大面积严重脱落。

原因也可能是：

①浮阀腐蚀、磨损。

②浮阀安装质量不好。

处理方法：

更换耐腐蚀材质的塔板及浮阀，并严格按照质量要求安装浮阀。

2. 简述接触冷却塔安全阀跳开的原因及处理方式

原因：

①空冷冻凝。

②瓦斯带液，后路不畅。

③吹汽量过大，给水量不当。

④回流太小或中断。

处理：

①开空冷加热器。

②瓦斯管线排尽存液。

③减小吹汽量，控制给水量。

④启动备用泵或提高回流量。

3. 干气脱硫塔顶的旋风分离器有何作用?

干气脱硫塔顶出来的干气往往带有氨液，尤其当干气量大的时候，带液就更严重。带液的干气经旋风分离器分离后，大部分的氨液可以分离下来回到塔底。剩下尚未分离下来的再经过进一步分离，这样可以保证干气带液控制到最少限度。由于干气出装置后进入系统高瓦斯管网，如果干气中带液严重，就会影响各燃烧炉的安全运行。

4. 简述焦炭塔裙座产生裂纹的原因及处理方法

在频繁而严重的加热和冷却循环下，焦炭塔裙座焊缝及其附近部位将受到较大的交变热应力作用，并且，在急剧升温和急剧冷却阶段受到大于材料屈服应力的热应力载荷周期性作用，同时，加上原有的柔性槽结构不合理，所以在裙座柔性槽周围将会产生大量的热疲劳裂纹。

处理方法：分数瓣在线更换。

5.焦炭塔正常生产、操作的注意事项有哪些?

焦炭塔在其吹汽、生焦、冷焦、给水过程中，由于温度变化较大（从常温到400℃），故极易引起静密封泄漏点泄漏，故要求岗位人员加强检查，发现泄漏及早处理；吹汽阶段，要严格控制气量，防止因吹汽量过大引起焦炭塔晃动大从而引起重大事故。

6.分别说明发生在焦化塔设备的腐蚀原理及典型腐蚀特征

焦炭塔：顶封头及空塔段1m内，高温S腐蚀，高浓度H_2S聚集，容易使气流在开工线或安全阀接管处形成涡流，无法形成FeS保护膜，而焊接热影响区又是薄弱环节，从而造成局部腐蚀减薄严重。

分馏塔：

高温S腐蚀

$$Fe+H_2S \longrightarrow FeS+H_2 \text{（240℃以上）}$$

$$H_2S \longrightarrow S+H_2 \text{（350~400℃）}$$

$$S+Fe \longrightarrow FeS$$

$$RCH_2CH_2SH+Fe \longrightarrow RCHCH_2+FeS+H_2 \text{（大于200℃）}$$

溶剂再生塔：

低温硫腐蚀：

RNH_2（乙醇胺）$-H_2S-CO_2-H_2O$型腐蚀

$$Fe+2CO_2+H_2O \longrightarrow Fe(HCO_3)_2+H_2$$

$$Fe(HCO_3)_2 \longrightarrow FeCO_3+CO_2+H_2O$$

$$FeCO_3+H_2S \longrightarrow CO_2+H_2O+FeS$$

7.焦炭塔进料温度为什么要加以控制？

如后辐射室出口温度降低到450℃以下仍进焦炭塔，温度低会产生沥青而导致无法除焦，致使在焦炭塔内未产生结焦反应而产生软沥青。通常把辐射室出口温度作为最主要的控制指标，要求497℃±1℃。

8.简述延迟焦化装置分馏塔的腐蚀现象及分类

延迟焦化装置分馏塔的腐蚀属于低温$H_2S-HCl-NH-H_2O$

型腐蚀，主要发生在分馏塔顶部及塔盘、塔顶冷凝系统的设备及管线。在没有水存在的状态下，H_2S和HCl对设备的腐蚀很轻微。在露点部位会出现液态水，可形成$HCl-H_2S-H_2O$腐蚀介质，对设备形成严重腐蚀。用除盐水对分馏塔进行水洗操作时，除盐水的温度较低，会出现局部低温，为H_2S及HCl提供了液态水并混合在塔顶循环汽油中，经上下回流进入塔盘形成腐蚀介质。在反应过程中，原料中含有的氯化物会形成NH_4Cl结晶，不仅会在低温、低流速部位造成堵塞，而且还会使垢下腐蚀及磨损腐蚀加剧。

其具体的腐蚀原因可以分为以下几种：

①固定铵盐分解腐蚀。

固定铵盐主要成分是氯化铵、氰化铵、硫氰化铵等。焦化原料被加热至 220℃以上时，固定铵盐开始分解，产生游离酸和氨。产生的游离酸通过各种作用累积，塔内的游离酸与塔体中的铁发生反应，再加上游离酸气体中含有少量的氧，可将部分Fe^{2+}再氧化为Fe^{3+}，与$Fe(CN)_2$反应生成蓝色的普鲁士蓝沉淀。

②高温硫腐蚀。

不是所有的硫化物都对设备产生腐蚀，只有能直接与金属反应的硫化物（也称活性硫）如单质硫、硫化氢、硫醇等，才能造成设备的腐蚀。据有关资料介绍，高温硫对设备的腐蚀从240℃开始，随着温度的升高而迅速加剧，到480℃左右达到最高点。而且在此温度范围内硫化物与铁反应的趋势大于其分解的趋势，所以高温下的硫腐蚀以硫化氢引起的腐蚀为主。

高温硫腐蚀的影响因素很多，如温度、硫化氢浓度、流速等。温度的影响表现在两个方面：一是温度升高促进了硫化物等与金属的化学反应；二是温度升高促进了原油中非活性醛分解成活性的硫化物。H_2S在所有活性醛化物中腐蚀性最强，一般而言，介质中H_2S浓度越高，腐蚀性就越大，介质流速越大，金属表面上的硫化铁腐蚀产物保护膜越容易脱落，界面不断更新，金属的腐蚀也就进一步加剧，在塔底抽出线处因介质流速大，流向不断改变而出现冲蚀。

③高温环烷酸-硫腐蚀。

高温环烷酸-硫腐蚀主要是指当温度高于350℃，H_2S开始分解生成H_2和活性很高的S，S和Fe反应非常剧烈，生成FeS，并生成一层半保护性膜。当环烷酸存在时，环烷酸与硫化铁膜直接反应，生成环烷酸铁和H_2S，H_2S和Fe又可以反应，从而加剧腐蚀。原油中环烷酸分子的组成也不完全相同，一部分沸点范围为232~288℃，另一部分的沸点范围是350~400℃，温度升高，环烷酸逐渐汽化，在气相中聚集，在两个温度段发生腐蚀。随着介质的流动，使金属表面不断受到冲刷、暴露并受到环烷酸腐蚀。

④电偶腐蚀。

两种或两种以上不同电极电位的金属处于腐蚀介质内相互接触而引起的电化学腐蚀，又称接触腐蚀。发生电偶腐蚀时，电极电位较负的金属通常会加速腐蚀，而电极电位较正的金属的腐蚀则会减慢。

影响电偶腐蚀速度的因素主要有：①所形成的电偶间的电极电位差；②腐蚀介质的电导；③金属表面的极化和由于阴、阳极反应生成表面膜或腐蚀产物的影响；④电偶间的空间布置。两金属之间的电极电位差愈大电流愈大，则腐蚀愈快。

9.简述延迟焦化装置分馏塔腐蚀控制措施

①设备结构优化和材料升级。

对处于高温环烷酸-硫腐蚀环境的设备和管线，在设计时应尽可能避免形成高流速、漩涡和冲击的结构：安装时应将焊缝处处理平整，防止产生涡流。尽可能减少环烷酸的冲刷腐蚀。

设备和管线的选材上，尽量采用高铬、高钼的合金材料，虽然一次投资高，但可以延长生产周期，降低检修费用。因此，为使装置适应高酸原油的加工，部分主体设备材质需要升级为316L或317L等奥氏体不锈钢，因其高铬、镍和钼含量，具有优异的耐酸腐蚀性能。

对于电偶腐蚀的防护，设计时应减小电极电位较正的金属的表面积，同时增大电极电位较负的金属的表面积；尽量使相接触的金属之间电绝缘，并增大介质电阻；此外，可充分利用防护层或采用外加保护电位的方法。选材时应注意选择电极电位尽量接近的金属作为相接触的电偶对，以减小电偶腐蚀的风险。

②控制原料含盐量。

为降低焦化原料中杂质的含量，根据生产需要积极协调有关部门对常减压电脱盐装置进行技术攻关，增强油的“一脱三注”处理效果，保证减压渣油中硫及盐的含量在工艺指标控制范围内。

③使用缓蚀剂。

使用缓蚀剂也是减缓和控制腐蚀的有效途径。优点是加入量较小，投资少，可对整个系统实施保护。焦化系统中一般加入的都是水溶性或者油溶性抗硫化氢缓蚀剂。国内已有焦化装置使用，并取得了较好效果。

④在线监测技术的应用。

腐蚀在线监测技术是在设备运行过程中，对设备的腐蚀和破坏进行连续的系统监测，目前，石油企业生产系统较为广泛的在线监测技术是电阻法和电感法。研究人员通过监测冷凝水的pH值、Cl^-和H_2S的质量浓度、水中含硫量以及油品来间接地检测装置内部结构的腐蚀情况。另外，还通过定期对腐蚀较严重部位的壁厚进行检测，实现装置腐蚀情况的直接监测。

10.焦炭塔使用要求有哪些？

控制油气泡沫不带出塔，焦炭及泡沫层高在塔切线高度的2/3~3/4之间安全开、关阀门，防火防爆，保证顶、底盖不漏，做好顶底盖热紧，保证除焦干净，经常检查并消除大油气线内结焦，经常检查塔裙座焊缝和基础有无问题。

11.简述反应温度对焦炭塔泡沫层高度的影响

一般来说，加热炉出口温度越低焦炭塔内泡沫层越高。泡沫层的高低除与原料的起泡沫性能有关外，还与加热炉出口温度直接有关。泡沫层本身是反应不彻底的产物。如果炉出口温度增高，泡沫层在高温下充分反应，生成焦炭，泡沫层就下降。所以一般在老塔生产的末期，应稍提反应温度以降低泡沫层高度，来避免冲塔事故的发生，同时也能减少不合格焦炭的收率。

12.焦炭塔的生产工序有哪些？

①新塔赶空气、试压。

②新塔油气预热。

③新塔甩油。

④老塔切换，新塔生焦。

⑤老塔小吹汽、大吹汽。

⑥老塔冷焦。

⑦老塔放水。

⑧老塔除焦。

13.简述焦炭塔底油甩不出的原因及处理方法

①塔入口管线结焦。

②入口管线大量窜入蒸气。

处理方法：

①向塔内吹汽，反复进行几次，特别注意，吹汽前脱净凝结水。

②找出入口管线窜汽的地方，加以处理。

14.简述焦炭塔甩油甩净的判断方法

①甩油泵出现抽空现象，出口压力下降。

②焦炭塔新塔温度上升，出入口温度接近350℃。

③甩油管线无油品流动声。

④冷却槽出口温度下降。

15.为什么焦炭塔顶注急冷油能防止大油气线结焦？

大油气线结焦的主要原因是：焦层上油气夹带焦粉，或气体的杂质黏附在大油气线管壁。顶部注急冷油可降低油气温度，同时油气与急冷油接触，汽化量增加，油气流速增大从而有效地抑制油气反应，减少结焦。

16.焦炭塔冲塔有哪些现象？

①焦炭塔顶压力突然以锯齿形波动，忽大忽小。

②焦炭塔顶部温度升高。

③冲塔严重，安全阀起跳。

④分馏塔温度突然升高。

17.焦炭塔冲塔原因是什么？如何采取措施预防冲塔？

原因：

①焦炭塔泡沫层超过安全高度。

a.生焦周期太长，使单塔进料过多。

b.原料残炭值增高。

c.炉出口温度偏低或仪表指示偏高。

②换塔时，新塔预热不好，新塔底油没拿尽或拿油带水。

③泡沫层已接近安全高度，换塔后又没及时吹汽，造成泡沫层回升或吹汽量过大。

④原料性质变化。

⑤系统压力波动大。

预防措施：

①掌握原料性质，严格控制单塔炼量。

②适当提高炉出口温度。

③加强新塔预热和排油操作必须达到换塔条件方可换塔。

④换塔后及时对老塔进行处理，并注意吹汽量不能太大。

⑤投入使用中子料位计，做好焦层及泡沫层高度的监测。

⑥若发生冲塔，可采取紧急换塔措施，也可开放空阀，使生产塔压力恢复正常操作压力（因超压而冲塔）。

18.焦炭塔冲塔的处理方法有哪些？

如果是由于焦面控制过高，造成冲塔，一是分馏塔底向外甩油，保证塔底油含焦量不能太高；二是紧急采取换塔措施，注意安全换塔；三是加大回流量和急冷油量，降低塔底温度，增大循环量。若是因甩油不净冲塔，一是注意焦炭塔压力变化，如果安全阀跳开，为平衡系统压力，可打开安全阀副线阀，使焦炭塔压力降至正常操作压力，注意放空操作；二是分馏塔要向外甩油以保证液面；三是稳定分馏塔操作。

19.试分析焦炭塔压力突然增高的原因

①系统瓦斯压力高。

②排油时油没排尽或抽出油线蒸气残压未放尽。

③新塔试压后水没放尽。

④焦炭塔冲塔。

⑤老塔处理时吹汽量过大。

⑥老塔冷焦时给水量过大。

⑦加热炉出口温度过高或炼量过大。

⑧分馏塔淹塔。

⑨放空系统后路不畅。

⑩原料性质变化。

20.焦炭塔憋压原因有哪些？如何处理？

憋压原因：

①系统压力过高。

②新塔预热后油没甩尽。

③冷焦时，吹汽量过大。

④冷焦时，给水量过大。

⑤加热炉注汽量突然增大。

⑥大油气线结焦严重。

处理方法：

①查清原因采取有效措施，维持生产。

②当焦炭塔压力超高，压力撤不下来时，塔顶油气可改到放空塔。

21.试分析焦炭塔安全阀跳开的原因

①系统瓦斯压力高，超过安全阀定压值。

②冲塔严重。

③老塔吹汽量过大。

④老塔给水量过大。

⑤分馏塔淹塔。

⑥新塔试压后水没脱尽。

⑦排油时油没排尽或蒸气残压没放尽。

⑧原料性质变化。

22.简述焦炭塔顶盖（上门）漏气着火原因及处理方法

原因：

①除焦后，焦炭塔顶盖法兰面未清理干净，垫圈不正，螺丝受力不够。

②试压不仔细。

处理：

①做好防护工作并及时热紧。

②轻微漏油着火时，用蒸气带掩护灭火。

③漏油严重，着火较大时，可作以下处理：

a.若新塔预热已接近换塔条件时，可提前切换焦炭塔，老塔进行吹汽。b.若新塔温度较低，可切换四通阀至新塔开工线，快速预热后再切换至新塔进料。c.若无新塔可切换（如新塔冷焦、放水、除焦等）可降温循环，按紧急停工、停炉处理。d.如刚切换至新塔，漏油着火严重，在条件许可下，再切回老塔及时处理后再切换回来。

23.塔底底盖（下门）泄漏的原因是什么？

①螺栓紧力不一致。

②垫片损坏。

③塔底门上下法兰接触面不平。

④安装底盖忘记加垫片。

⑤操作条件变化过快。

⑥超压超温。

⑦接触面上的焦粒没清尽。

24.简述焦炭塔的作用

是焦化反应得到产品的地方，是焦化装置的主要设备。

25.简述焦炭塔结构及材质

焦炭塔实际是一个空的反应器，里面无特殊构件，材质为15CrMoR+0Cr13Al15CrMoR。

26.造成焦炭塔变形的根本原因是什么？

无数次从高温到低温再到高温这种激烈冷热交替变化，引起金属热应力变化减弱了焦炭塔强度，容易引起下部变形和塔体倾斜，甚至鼓泡和开裂。

27.简述接触冷却塔的作用

是延迟焦化装置油气密闭放空系统的主要设备，是焦炭塔放空油气，蒸气的冷却和分离场所。

28.接触冷却塔的主体材质有哪些？

20R、Q235Al（铝）、0Cr18Ni10Ti。

29.接触冷却塔分为几段？各有几层塔板？

分为两段，上段6层塔板，下段10层塔板。

30.接触冷却塔的进料有哪些？

①焦炭塔顶安全阀，大瓦斯线安全阀，放空油气。

②焦炭塔大瓦斯线放空油气，甩油罐小于150℃油气。

31.焦炭塔使用要求有哪些？

控制油气泡沫不带出塔，焦炭及泡沫层在1/2~2/3之间安全开、关阀门，防火防爆，保证顶、底盖不漏，做好顶、底盖热紧，保证除焦干净，经常检查并消除瓦斯管结焦，经常检查塔裙焊接和基础情况的变化有无问题。

32.焦炭塔操作好坏对其他部分有何影响？

①影响炉温。

②影响系统压力。

③影响产品质量。

④影响加热炉的安全生产。

33.焦炭塔有何操作特点？

间歇生产，温度压力随生产周期性变化，操作顺序固定，时间概念性强。

34.焦炭塔的正常操作要求是什么？

①根据焦炭塔的运转周期，按部分操作正常操作。

②投运的四通阀保证给上气封。

③注意焦炭压力变化，不能超过工艺指标规定。

④经常检查，防止设备、管线法兰泄漏着火。

⑤经常检查换热器水温并保持在正常范围内。

⑥做好甩油泵的正常操作与维护。

⑦搞好接触冷却塔的正常操作与维护，及时外送污油，防止憋压。

35.新塔准备可以分为哪几个步骤？

蒸气赶空气→蒸气试压→跑汽脱水→引瓦斯→油气

预热。

36. 如何进行焦炭塔预热？

①赶空气：打开呼吸阀（或溢流阀），由10m平台缓慢打气给气阀向塔内赶空气，时间约15min。

②试压：新塔空气赶尽后，关呼吸阀（或溢流阀）憋压至0.2MPa，检查顶底盖进料节是否泄漏，然后由放水阀向隔油罐排汽脱水至微正压（0.22MPa）。

③放瓦斯：缓慢打开新塔15m平台上的电动油气隔离阀，将老塔高温瓦斯引入新塔，注意两塔压力变化。

④瓦斯循环预热：待新老塔压力基本平衡，压差为0.05MPa时开大新塔15m平台油气隔离阀门，打开10m平台甩油阀，甩油罐气相变通至放空塔，当甩油罐气相温度150℃时，改为分馏塔，按照以上步骤将新塔预热至切换条件。

37. 切换焦炭塔应注意哪些问题？

①应确定好四通阀的转动方向。

②切换过程中注意转油线压力变化，一旦憋压应迅速换至老塔，紧急情况下切至泄压线并及时查找憋压的原因。

③切换四通阀前注意全开新塔油气隔断阀。

38. 装置开工时，焦炭塔进油前应做哪些工作？

①用汽吹扫炭贯通焦炭塔开工进料线。

②进行焦炭塔试压，检查顶底盖是否泄漏，放尽塔内存水。

③将开工焦炭塔进料流程改好。

④打开开工塔15m放空阀，关闭分馏塔的油气隔离阀。

⑤联系罐区对甩油出口装置进行贯通试压检查。

⑥联系仪表启用塔顶、底压力变送器和指示仪表。

39.简述焦炭塔冲塔现象

①焦炭塔顶压力突然以锯齿形升高，忽大忽小，波动不稳。

②焦炭塔顶部温度过高。

③冲塔严重，安全阀起跳。

④分馏塔底部温度突然升高。

⑤分馏塔底液面突然升高。

40.分析焦炭塔冲塔原因，如何采取措施预防冲塔?

原因：

①焦层加泡沫层超过安全高度，造成冲塔的主要原因有：a.生焦周期安排不当，太长使单塔料过多；b.原料残炭值增高；c.炉出口温度偏低。

②换塔时，新塔底油没排尽。

③泡沫层已接近安全高度，换塔后又没及时吹汽，造成泡沫层回升或吹汽量过大。

④原料性质变化。

预防措施：

①掌握原料性质，严格控制单塔炼量。

②提高炉出口温度。

③加强塔预热和排油操作，必须达到换塔条件方可换塔。

④换塔后及时对老塔进行处理，并注意吹汽量不能太大。

⑤增设核子料位计，做好焦层和泡沫层高度的监测。

⑥若发生冲塔，可以采取紧急换塔措施，也可开放空阀，使生产塔压力恢复正常操作压力(因超压而冲塔)。

41.焦炭塔冲塔如何处理?

①提高炉出口温度。

②紧急换塔。

③平衡系统压力。

④打开安全阀副线阀，使焦炭塔压力降至正常操作压力。

42.焦炭塔四通阀在切换过程中卡住，会有什么现象？

①辐射流量下降。

②炉出入口压力上升。

③炉出口温度上升。

④分馏塔底液面上升。

⑤焦炭塔顶压力下降。

第六节　制氢装置塔设备知识

1.苯菲尔脱碳溶液制氢的脱CO_2塔的腐蚀部位主要是在何处采用何方法防腐？

脱CO_2塔半贫液以上，CO_2析出形成了酸性水溶液，这种腐蚀在温度为60℃以上时尤为明显，一般发生在再生塔的上部。为防止腐蚀，半贫液上段塔体采用不锈钢复合钢，塔盘、内件多数采用奥氏体不锈钢。

塔体下部主要是碳酸钾溶液引起的碳钢腐蚀，溶液水解出CO_3^{2-}和HCO_3^-，其中HCO_3^-的腐蚀作用比CO_3^{2-}强，腐蚀生成的Fe进入溶液，从而使金属表面的腐蚀得以不断进行。为了防止这种腐蚀，一般在溶液中添加缓蚀剂五氧化二钒或偏钒酸盐，使在碳钢表面生成一层致密的钝化膜，从而防止碳钢继续被侵蚀。

碳酸钾是一种电解质碱液的应力腐蚀，因此存在着应力腐蚀的可能，由于设备加工时热处理不当产生残留应力。一旦设备出现应力腐蚀的裂缝，它能以很快的速度延伸，从而导致设备的破裂。碳钢设备和管线的焊缝都要进行应力消除热处理。

2. 简述制氢装置CO_2吸收塔的腐蚀部位及防腐方法

塔上部和下部碳酸钾和碳酸氢钾溶液水解出CO_3^{2-}和HCO_3^-引起碳钢腐蚀，碱性溶液的应力腐蚀开裂。

添加缓蚀剂五氧化二钒或偏钒酸盐，使在碳钢表面生成一层致密的钝化膜，从而防止碳钢继续被侵蚀。塔盘、内件多数采用奥氏体不锈钢。

避免应力腐蚀开裂，塔内和管线焊缝都要进行应力消除热处理。

3. 简述苯菲尔脱碳溶液制氢的脱CO_2塔的结构材质

总体上采用填料加圆型泡罩结构，塔分上下两段，上段底部排出半贫液，有三层填料，下段再生出贫液，有两层填料。塔体上段一般采用不锈钢复合钢板制造，下段也有采用复合钢的，有的仍采用碳钢添加五氧化二钒缓蚀剂，表面形成保护膜防腐。在填料层上层均有气液分布盘。

塔盘内件防腐效果好的均用不锈钢，塔顶部有三层塔盘采用圆型泡罩。填料采用鲍尔环，用不锈钢防腐效果最好，也可用非金属材料。

4. 影响制氢装置再生塔效果的主要因素是哪些？

所谓再生度，是指溶液经再生后贫液中残余含CO_2的浓度。

影响再生度的主要因素有：

①温度：溶液的再生是一个吸热的化学反应，在一定的

条件下，温度高，则再生效果好，但过高的温度不仅增大动力消耗，蒸气消耗，而且会引起溶液降解，腐蚀设备；过低的温度则再生效果差，从而引起吸收效果差。

②压力：溶液的再生是一个体积增大的反应，在一定的操作条件下，降低溶液的再生压力，再生效果好，同时由于再生压力的降低，再生温度也可随之下降。这对减轻设备的腐蚀和溶液的降解都有好处，一般选择溶液再生操作压力时，只需考虑克服溶液出塔进入溶液循环泵的阻力，维持溶液进泵为正压即可。

③溶液浓度：溶液中如水含量高，则汽提蒸气量大，塔段的解吸率提高，可相应地降低再生温度，再生效果好，但过高的水含量，容易使再生塔负荷加大，且溶液浓度相对减小，从而影响效果。

④再生塔液位：再生塔液位的高低可直接影响煮沸器的加热效果和煮沸器的循环量，液位过高会使上升的汽提蒸气分布不匀，严重的会引起水击；过低则会减少煮沸器的溶液循环量，使再生效果变差，甚至会形成煮沸器干烧，损坏煮沸器。

⑤溶液降解物和杂质对再生的影响：溶液中胺降解物和杂质的增加会使溶液的黏度增加，溶液变质起泡降低传热效率，再生效果变差。同时溶液的胺降解物，对设备腐蚀性很大，故操作中应尽量控制溶液的胺降解量。

5. 正常生产中制氢装置富液控制阀一旦失灵，会带来什么后果？如何处理？

正常生产中富液控制阀一旦失灵，吸收塔的液位不是突发上升，便是直线下降，打乱整个操作，发现不及时不是造成塔液泛，就是造成吸收塔压空，高压气流窜入再生塔，冲翻塔盘，使再生塔液泛，所以必须注意操作，及时发现，尽快改副线阀操作，并通知仪表工，尽快修复调节阀。

6.制氢装置吸收塔压力波动大是什么原因？怎样处理？

原因：①工业氢出装置压控阀波动大，也就是工业氢分压力波动大。②吸收塔有拦液，泛塔现象。③加氢压缩机入口调整幅度过大。④前部系统压力出现波动，而造成吸收塔压力波动大。

处理：①控制稳分水罐压力，如是仪表问题应改手动操作。②检查塔内操作是否有拦液现象或泛塔，如确定有这两种可按拦液处理。③联系压缩机，调整应缓慢、勤调、小调。④前部岗位稳定操作。

7.简述制氢装置脱CO_2吸收塔和再生塔在结构上的异同

与再生塔相比有很大的相似点，均采用鲍尔环填料，填料层上面均有气液分布盘，填料支撑圈结构一致，不同的是脱CO_2吸收塔塔径上下段不同，半贫液进料处以下塔径增大。CO_2再生塔塔顶富液进料口上有三层圆型泡罩塔盘，而吸收塔顶有一层破沫网。

第七节　聚丙烯装置塔设备知识

1.聚丙烯装置高压循环丙烯洗涤塔有什么作用？

利用塔板内上升的气相丙烯和下落的液相丙烯进行逆流接触，并除去物料中的细末。

2.聚丙烯装置高压循环丙烯洗涤塔内部需修理时，对塔系统进行隔离及工艺处理的步骤是什么？

①首先按正常步骤停车，倒空塔内丙烯。

②停塔进出料泵，关塔系统进出料阀、放空阀，停塔底热源。

③塔系统进行泄压。

④对塔进行N_2置换，进行低点排放，置换3次，分析烃含量是否合格。

⑤加塔出、入口相应盲板。

⑥打开人孔，用空气进行置换后，分析氧含量，合格后可入塔内。

3.聚丙烯装置氢气汽提塔是什么型式的塔？名称是什么？有什么特点和作用？

氢气汽提塔为填料浮阀塔，这种塔板的特点是，随着气量的变化，浮阀可自动调节升高位置。塔板上气流截面通道可随气体流量改变而自行调节。其操作弹性大，气液接触性能好。其作用是分离丙烯气中的H_2。

4.聚丙烯装置脱水单元采用何种干燥塔？分子筛脱水原理是什么？

丙烯的脱水单元采用分子筛干燥塔。它的构造是塔的内部装有脱水用的分子筛。可以通过分子筛的吸附作用，使原料丙烯的含水量从20ppm降至2ppm以下。

分子筛脱水原理是：①分子筛在结构中有许多孔径均匀的孔道与排列整齐的孔穴，这些孔穴不但提供了很大的比表面积，而且它只允许直径比孔径小的分子进入，而比孔径大的分子则不能进入，从而使大小不同的分子分开，起到筛选分子的作用，故称分子筛。②临界直径比分子筛孔径小的分子，虽然都能进入毛细孔内，但由于这些分子的极性，不饱和度和空间结构不同，出现吸附强弱和扩散速度的差异，分子筛优先吸附的是不饱和分子、极性分子和易极化分子。

5. 聚丙烯装置丙烯脱水单元为何型式塔？采用何种填料？该填料有何特点？

丙烯脱水单元塔为填料塔，采用英特洛克斯填料。英特洛克斯填料是近年来开发的一种新型高效填料，它的流体阻力小，处理物料的能力大，传质效果好，是一种性能优良的填料。

第八节　气体综合利用装置塔设备知识

1.MTBE装置甲醇回收塔有板式塔和填料塔，二者有何异同？

一般而言，板式塔、填料塔都能用于甲醇回收塔。但是对一般的MTBE装置来讲，甲醇回收量比较小，如果塔径在600mm以下，塔内件安装时，人体不能进入塔内，就只好用填料塔了。填料塔结构简单，规整填料效率高，阻力降小，安装方便，实践证明是很有效的。如果甲醇回收量大，甲醇塔径大于1000mm，以板式塔盘为好，因为填料的价格较贵，且大填料塔的液体分布器更加重要。如果液体在塔内分布不均匀，填料的分离效率将降低，这些都会增加投资。分离效果相同时，投资是一个决定性因素。

在甲醇回收中应用最多的板式塔首先是浮阀塔。近几年有采用并流喷射塔板的，效果也很好，特别用于扩产改造上，塔径不变，甲醇回收量可大大增加。

2.MTBE装置萃取塔的顶部扩大段起什么作用？

萃取塔顶部是扩大段，即它的直径比塔径要大。在塔身中C_4物流是自下向上流动，萃取水是自上向下流动，二者在塔的内件（塔盘或填料）的作用下充分接触。在工业操作条件下，甲醇在水中的溶解度是C_4的300倍。在萃取塔中，萃取水完全可以将C_4中的甲醇萃取到水相中。因在萃取塔中萃取水和C_4物料充分接触，在相对错流中，C_4物料中可能会有油包水或水包油的非均相物，使萃取效率降低，因此工程设计中塔顶部设有扩大段，如果截面积增大一倍，则物流线速度降低一倍，使向上流动物料中的游离水尽可能分离干净。

在扩大段内下部是水相，上部是油相。C_4与水是互不溶物，所以有界面存在，二相物料通常都是无色的，所以不太容易观察。扩大段高度在6.0m左右，容积较大，其目的是让萃余相在扩大段有足够的停留时间，确保剩余C_4中不含游离水。

3.MTBE装置萃取塔和蒸馏塔的结构及分离原理有何异同？

萃取塔和蒸馏塔在结构上的异同点是：

相同点：都有塔的塔头、塔釜、塔体和塔内部构件，如塔板或填料；都有进料口和塔顶、塔底出料口。

不同点：蒸馏塔有再沸器加热，还有冷凝器、回流罐和回流泵等配套设备。萃取塔没有再沸器、冷凝器、回流罐和回流泵等配套设备，但多了一个扩大段。

在分离原理上蒸馏塔和萃取塔的异同点是：

相同点：都要控制流量、压力、温度、液面，并达到相应物料的分离。

不同点：蒸馏塔是靠加热、借助物质的相平衡常数的不同达到分离目的。萃取塔是靠萃取剂对物料中不同组分的溶解度不同达到萃取分离目的。

4. 气分装置丙烯精馏塔的特点和发展趋势是什么？

气分装置的丙烯精馏塔，因为涉及“丙-丙”分离，需要的塔盘数较多，塔较高，设计上多采用两塔串联，压力为1.5~2.0MPa。材质上没有特殊要求，一般碳钢即可。塔盘型式多采用浮阀塔盘，塔径较大的为双溢流塔盘。近年来，随着各大专科院校科研开发的加快，许多新型式塔盘不断应用，如清华的ADV微分塔盘，华东理工的导向式浮阀，苏州格力奇公司的高效塔盘等，使得塔盘效率和处理能力大大提高。

5. 氢氟酸烷基化装置中主分馏塔塔盘采用什么型式和材质？有什么特点？

国内引进的菲利浦石油公司专利的烷基化装置，主分馏塔塔盘，选用的是Nutter公司的专利V-grid固阀塔盘，其优点是：①因固阀迎着液体流动方向的一端比另一端宽，塔盘上液体不易泄漏；②因气流由下向上经两侧的阀孔向左右吹出，并与液体直接接触，弹性大效率高；③可避免氟化铁污垢黏住或堵塞阀孔；④采用碳钢材质，结构简单，价格低。但因为进料层温度已经达到氢氟酸腐蚀温度的上限，故此处塔盘的腐蚀也最为严重。

第九节　合成氨及尿素装置塔设备知识

1.合成装置甲醇再生塔塔底内部结构有什么特点？这样设计的目的是什么？

塔底部有一挡板将C_4塔釜分成两部分，这样设计的目的是使再沸器相当于该塔的一块提馏板，提高塔釜出料甲醇中的水含量，降低系统甲醇中的水含量。

2.合成装置石脑油汽提塔为什么上粗下细？

大部分石脑油在上塔被汽化，只有小部分在下塔才被汽提出来，所以C_1塔上部蒸气流量比下塔大得多。为了降低C_1塔精馏塔（顶部）的气体速度，保证其塔板效率，需要较大的塔板，从外表看就上粗下细了。

3.合成装置塔用填料有几种？合成氨净化工段甲醇水分离塔的填料型式是什么？

有拉西环、鲍尔环、丝网填料、折流板式填料、英特洛克斯填料等。甲醇水分离塔的填料为折流板式填料。

4.在合成装置中各举一例说明堰塔板与无溢流堰塔板各有什么特点

如合成氨净化工段二氧化碳洗涤塔是有溢流塔板。在有溢流塔板上，气液呈错流方式接触，板上的液层高度靠置于板上液体出口端的溢流堰或气流对板上液体的持液能力进行控制。这种塔板效率高，操作弹性大，生产过程较多用。

如合成氨净化工段甲醇水分离塔（4115C5）是无溢流塔板。在无溢流塔板上，气液两相逆流通过板上小孔，板上液体的高度靠气流托住，这种塔板鼓泡面积所占比例大，塔板面积利用率高，结构简单，处理能力大。但操作弹性小，分离效率低。

5.合成氨净化工段硫化氢浓缩塔设备检修交出的注意问题是什么？

因为浓缩塔内硫化氢浓度高，在正常生产中容易在碳钢的设备内壁上生成FeS，而FeS的特性是在空气中极易自燃。因此，在塔的检修交出过程中，除要做到一般设备隔离、清洗外，置换必须用氮气，在拆人孔前要对设备进行充氮保护等。

6.合成装置酸性气体如何在分馏塔内得到净化？

原料气从塔底进，贫甲醇从塔顶进，原料气和贫甲醇逆流并在塔板上进行传质传热过程。气体由下往上逐渐得到净化；甲醇从上往下饱和度逐渐增加，中间设有二级换热器以降低甲醇溶液温度，增加CO_2在甲醇中的溶解度。由于H_2S等酸性气体的溶解度和溶解速度远较CO_2大，故H_2S在分馏塔下塔就被全部吸收，并且只需部分甲醇溶解。

7.夏天骤降大雨时，合成装置甲醇再生塔工况为什么会发生波动？

夏天骤降大雨时，甲醇再生塔及换热器管道等的热损失会突然增加，使塔压力降低，压力的降低又促使用泵打量增加，造成回流量上升，C_4压降、液位上升（液泛），从而C_4工况发生波动。

8. 空分精馏塔使用规整填料的技术特点是什么?

①阻力小，只有筛板塔的1/5~1/4。

②分离效率提高。

③操作弹性大。

④塔径小。

9. 设置尿素精馏塔的目的是什么?

目的有两个：一是加热使甲铵分解成NH_3和CO_2，主要是通过两段加热器完成；二是提高分解气中的NH_3和CO_2浓度，尽量在吸收系统生产浓的甲铵液，减少进合成塔的水量，过程在精馏段完成。

10. 尿素装置设置303-E吸收塔的目的是什么? 如何判断其负荷高低?

303-E是常压填料吸收塔，用来进一步吸收302-E及708-C气相中的NH_3、CO_2，以减少原料气的放空损失；302-E、708-C气相中含有浓度很高的NH_3、CO_2，远大于稀氨水平衡气相中的NH_3、CO_2，所以可以用稀氨水来吸收。可以通过303-E下液温度与703-J中的氨水温度的温差来判断303-E负荷高低，温差大，表明吸收的气相多，负荷大。

11. 简述尿素解吸塔液泛现象及预防措施

当解吸塔发生液泛现象时，表现为压力突降，708-C满液，TR04-2突升。

预防措施有:

①操作中加蒸气不要太猛太多。

②严格控制好塔顶温度，不要过高，不做大幅度调节。

③控制好LIC703液位，不满液。

④控制TI001/19温度低于塔顶温度10℃以上。

⑤控制好708-C液位，防止抽空造成FIC701无量。

12.尿素汽提塔负荷为什么不能过低?

汽提塔负荷一般不低于70%运行（极限负荷是60%），负荷过低会使合成液在汽提塔上花板的液位很低或形不成液位，使汽提管液体分布不均，有些汽提管进液过少，产生局部过热，加剧了汽提塔的腐蚀。因此，应尽量避免在过低负荷下运行。

第十节 其他装置塔设备知识

1.简述污水汽提装置汽提塔、氨精制塔的材质和塔盘结构型式

汽提塔：

材质为20R+0Cr18Ni9Ti；塔盘结构型式为浮阀+填料。

氨精制塔：

材质为0Cr18Ni9Ti；结构型式为填料塔。

2.为什么污水汽提装置汽提塔在经过一段时间的运行后（比如1年左右），塔效率会降低?

因为汽提塔在经过一段时间的运行后，塔盘会结垢，严重时会把浮阀卡住而影响塔效率。

3.为什么污水汽提装置汽提塔上半部分塔盘材质为不锈钢而下半部分为碳钢?

最主要考虑防腐的需要。通常汽提塔30层以下物料中硫含量逐层下降且含量偏低，而在30~45层物料中硫含量逐层上升且H_2S浓度很高，经过填料层，最后在塔顶可得到浓度为90%以上的H_2S，因此上半部分塔盘材质为不锈钢而下半部分为碳钢。

4.脱硫装置塔及附属设备推荐使用结构材料的标准是什么？

推荐使用的结构材料列于表4-5，所列的材料为最低要求，可根据装置操作情况，改变选用材料。在表4-6中，当处理原料气中的总酸气含H_2S低于1%的装置，认为是处理CO_2的装置。

表4-5　塔和容器结构用材

<table>
<tr><th>设备名称</th><th>脱CO_2装置</th><th>脱H_2S装置</th></tr>
<tr><td>气体吸收塔①</td><td colspan="2">碳钢+4mm腐蚀裕度</td></tr>
<tr><td>胺再生塔②，③，④</td><td colspan="2">碳钢+4mm腐蚀裕度</td></tr>
<tr><td>再生塔回流罐⑤</td><td colspan="2">碳钢+4mm腐蚀裕度</td></tr>
</table>

注：①塔盘可考虑用Cr13不锈钢或碳钢；

②塔盘可考虑用1Cr18Ni9Ti或碳钢；

③胺再生塔碳钢塔壁曾发现一些点蚀，点蚀是由液体直接碰击塔壁造成的。在塔内冲击区设置防冲挡板，可减轻这种状况；

④胺再生塔闪蒸段可衬1Cr18Ni9Ti板或0Cr13板；

⑤容器进行焊后消除应力热处理，焊缝和热影响区硬度不超过HB200。

表4-6　冷换设备结构用材

<table>
<tr><th>设备名称</th><th>脱CO_2装置</th><th>脱H_2S装置</th></tr>
<tr><td>贫富液换热器</td><td colspan="2">筒体：碳钢①+4mm腐蚀裕度
管箱、管板：碳钢①+4mm腐蚀裕度
管子：无缝碳钢②</td></tr>
<tr><td>胺再生塔顶冷凝器</td><td colspan="2">全部使用碳钢①+4mm腐蚀裕度</td></tr>
<tr><td>再生塔底重沸器</td><td colspan="2">筒体：碳钢①+4mm腐蚀裕度
管箱、管板：碳钢①+4mm腐蚀裕度
管子：1Cr18Ni9Ti</td></tr>
</table>

续表

设备名称	脱 CO_2 装置	脱 H_2S 装置
胺复活釜	筒体：碳钢[①] +4mm 腐蚀裕度	

注：①换热器壳体管箱管板和封头应进行焊后消除应力热处理，焊缝和热影响区的硬度不超过HB200；

②在MEA和DEA系统，如管子表面温度超过120℃，则使用1Cr18Ni9Ti钢管，但在MEA系统中，如使用缓蚀剂，也可使用碳钢。在萨菲诺尔系统，如管子表面温度超过110℃，使用1Cr18Ni9Ti钢管。